中小学生书架

科学揭秘动物世界

两栖爬行类

主　编　于今昌
编　者　于越姝　范维娜　田　梅　岳　军
　　　　钱　余　郭　旭　林　森　李　曼
　　　　王　伟　姜　川　樊子健

长　春　出　版　社
全国百佳图书出版单位

图书在版编目(CIP)数据

科学揭秘动物世界·两栖爬行动物 / 于今昌主编
. — 长春:长春出版社, 2012.6 (2016.1 重印)
ISBN 978-7-5445-2129-1

Ⅰ.①科… Ⅱ.①于… Ⅲ.①两栖纲–普及读物②爬
行纲–普及读物 Ⅳ.①Q95-49

中国版本图书馆CIP数据核字(2012)第069905号

科学揭秘动物世界·两栖爬行动物

责任编辑:杜　菲
封面设计:大　熊

出版发行:长春出版社	总编室电话:0431–88563443
地　　址:吉林省长春市建设街 1377 号	发行部电话:0431–88561180
邮　　编:130061	
网　　址:www.cccbs.net	

制　　版:长春大图视听文化艺术传播有限责任公司
印　　刷:长春市宏达印务有限公司
经　　销:新华书店

开　　本:787 毫米×1000 毫米　1/16
字　　数:165 千字
印　　张:9.5
版　　次:2012 年 10 月第 1 版
印　　次:2017 年 7 月第 6 次印刷
定　　价:19.00 元

　　在美丽的地球家园里，生活着各种各样的动物。在一望无际的非洲大草原上，数以百万计的角马正浩浩荡荡地前行，它们旅途中的每一步都面临着危险；在广阔的天空中，一只雄鹰正展翅翱翔，它锐利的双眼机警地搜寻着地面的猎物；在号称"世界屋脊"的青藏高原上，一群藏羚羊为了逃脱猎人罪恶的枪口正在飞奔；在大海的深处，凶猛的鲨鱼正在用它敏锐的嗅觉搜寻海洋里的猎物……它们不仅让我们的生活丰富多彩，而且维持着大自然的生态平衡。但随着社会经济生活的发展，生态环境遭到前所未有的破坏，加之人类的过度捕杀，许多动物已濒临灭绝。动物同样也是地球的生灵，同样需要我们以博爱之心去对待它们。要善待它们，首先必须了解它们，这就是《科学揭秘动物世界》的出版宗旨。

　　从阅读中获得知识，从图片中汲取印象，从常识链接中扩展见闻。无论是藏在深海的贝母，还是徘徊在天际的雄鹰，都会在这套科普丛书中展现它们的精彩。科学揭秘动物世界，不仅仅是人类生存的需要，也为我们找到了了解自然、揭示自身奥秘的金钥匙。

　　《科学揭秘动物世界》共六卷，分别介绍了鸟类、鱼类、海洋类、哺乳类、无脊椎类、两栖爬行类动物。丛书不仅篇幅精练、文字优美、插图生动、知识链接画龙点睛，更难得的是铺陈了若干动物故事，将严肃的科普知识以生动有趣的故事形式娓娓道来，以全新的角度向读者阐释了动物的生活方式、生存策略与习性特点，以及尚未破解的一些神秘现象，生动地展示了与人类共同生活在地球上的这些生灵怎样以其独特的方式向大自然索求自己的生存空间，演绎美丽而神奇的生命旋律的过程。

《科学揭秘动物世界》系列丛书由科普作家精心编撰，吸收前沿知识，所选资料翔实准确，文字简洁生动，通过生动的故事、翔实的例证、具体的数据来调动读者的阅读积极性并启发他们的想象力，实现对知识的融会贯通。从而使读者能够快乐阅读、轻松学习，是青少年读者了解动物世界奥秘的最佳读物。

两栖爬行动物

两栖动物这个十分特殊的类群，是从水生过渡到陆生的脊椎动物，具有水生脊椎动物与陆生脊椎动物的双重特性。它们既保留了水生祖先的一些特征，如生殖和发育在水中进行，幼体生活在水中，用鳃呼吸，没有成对的附肢；同时幼体变态发育成成体时，拥有了真正陆地脊椎动物的许多特征，如用肺呼吸，具有五趾型四肢等。

两栖动物是第一种呼吸空气的陆生脊椎动物，多数两栖动物在水中产卵，发育过程中有变态，幼体（蝌蚪）接近于鱼类，而成体可以在陆地生活。但是，有些两栖动物却是胎生或卵胎生，不需要产卵，有些从卵中孵化出来几乎就已经完成了变态，还有些终生保持幼体的形态。

两栖动物由于其幼体要在水中完成发育，成体适应力远不如更高等的其他陆生脊椎动物，既不能适应海洋的生活环境，也不能生活在极端干旱的环境中，在寒冷和酷热的季节则需要冬眠或夏蛰。所以目前只有一个亚纲——滑体亚纲存活下来。

两栖动物大多栖于陆上，少数种类栖于水中。皮肤裸露，有黏液腺，借以润湿皮肤，并起到辅助呼吸作用。心脏分两心耳、一心室，血液循环分大、小循环，但不完全。体温不恒定。现存的两栖类，可分无足目（例如鱼螈）、有尾目（例如大鲵）和无尾目（例如蟾蜍、青蛙）三目。全世界有4000余种（亚种），中国有270余种。

爬行动物是真正的陆生脊椎动物。皮肤具有由表皮形成的角质鳞或真皮形成的骨板，一般缺乏皮肤腺。用肺呼吸。心脏由两心耳和分隔不完全的两心室构成（仅鳄类的心室有发达的隔壁，将心室隔成左右两部分；仅在大动脉基部与肺动脉基部之间，还有一孔称"潘尼兹氏孔"相通）。体温不恒定。现存的爬行类，可分为喙头目（例如楔齿蜥）、龟鳖目（例如金龟、鳖）、蜥蜴目（例如草蜥、壁虎）、蛇目（例如蝮蛇）和鳄目（例如鼍、湾鳄）五目。全世界约有6300种，中国有近400种。

随着全球变暖引起的环境变化，致使某些爬行动物已濒临灭绝。

2010年8月8日法新社报道，哥斯达黎加当地媒体公布的一份科学报告称，气候变暖导致哥斯达黎加河流中雄性鳄鱼大大多于雌性鳄鱼，20年后该物种有可能面临绝种危险。

将哥斯达黎加生物学家胡安·拉斐尔·博拉尼奥斯的这份研究报告部分内容公布于众的《民族报》认为，"这一假设基于更多雄性鳄鱼的出生与气候变化及太阳强辐射致气温始终居高不下有关。"

该报强调，"鳄鱼巢穴中的温度决定孵卵的性别。当孵化温度在 28℃ 左右时，出生的就是雌性鳄鱼，当温度达到 32℃ 时，则为雄性鳄鱼。"

这一研究的主要对象是栖息于哥斯达黎加北太平洋区域的十几条河流中的鳄鱼群。

▲ 鳄鱼

《民族报》还指出："在捕获后又被放生的 74 条鳄鱼中，雌雄比例为 1∶5，而在正常情况下，这一比例应该是 3∶1。"

据该报说，"如果国内的美洲鳄鱼群雄性化趋势得以证实，该物种有可能在 20 年后趋于消失。"

2010 年 5 月 13 日，美国趣味科学网站也做了相关的报道，据称科学家对全球蜥蜴种群展开的一次调查发现，由于气温升高，蜥蜴种群正在以令人震惊的速度走向灭绝。这项新的研究报告发现，如果照这个趋势发展下去，到 2080 年，有 20% 的蜥蜴种群可能灭绝。

报告认为，目前的情况及预测到的灭绝趋势与 1975 年以来气候变暖密切相关。

加利福尼亚大学生态学和进化生物学家巴里·西内尔沃说："经过多论实地考察，我们对抽样进行了反复比对，结果证明（目前）这种灭绝是由于气候变化造成的，而不是由于栖息地遭受破坏造成的。这些栖息地未受到任何干扰，它们大部分在国家公园或其他保护区内。"

研究人员说，如果人类能够减缓气候变化的速度，那么研究人员对 2080 年的预测可能会改变，但它的确显示出蜥蜴已迈进了走向灭绝的门槛，并且它们大幅度减少的趋势至少会持续数十年。

研究人员还估计，到 2050 年将有 6% 的蜥蜴种群会灭绝。他们说，这个数字不可能改变，因为大气层附近的温室气体（二氧化碳）会滞留数十年。

蜥蜴种群的消失可能会对食物链产生影响。因为蜥蜴是许多鸟、蛇和其他动物捕食的对象。

话 龙

农历二月初二，传说是"龙抬头"的日子，所以在我国民间有"二月二，龙抬头"的俗语。

因为每年"二月二"差不多是在二十四节气中的"惊蛰"前后，这时正值大地回春，万物复苏，一切蛰伏的虫类都被惊起，开始活动。相传"龙"为百虫之长，所以用"龙抬头"来表示生物开始活动的意义。因此，"二月二"这天又叫"春龙节"。

由于古人把"龙"当做一种瑞兽，说它能兴云雨、利万物，因此"龙"就被列为"四灵"之一。《礼记·礼运篇》中说："麟、凤、龟、龙，谓之四灵。"

其实，地球上根本没有人们说的这种龙。李时珍在《本草纲目》里引东汉王符的话说："其形有九似：头似驼，角似鹿，眼似兔，耳似牛，项似蛇，腹似蜃，鳞似鲤，爪似鹰，掌似虎是也。"从中我们可以了解"龙"的样子最初很简略，后来就复杂了，而且它的身体是用许多别种动物的一部分拼凑成的。这就可以证明"龙"是虚构的。

另外还有一种传说也很有道理。相传在四五千年前的氏族社会，各氏族都用一种动物的画像当做本族的标志；大家供奉它、崇拜它，这叫"图腾"。有的画蛇，有的画狼，有的画虎，有的画鹰……形状画得越凶猛，就越能威吓住敌人。后来有个强大的氏族吞并了其他氏族，为了显示自己统一的威力，就把各氏族的"图腾"综合在一起，采取每种动物最厉害的特点，拼画成一幅更能唬人的动物像，当做新的"图腾"。"龙"的形象很可能就是这样画出来的。最初必然画得很不像样，后来经过历代艺术家们的不断修饰和创作，"龙"的形象逐渐统一起来，去掉了拼凑的痕迹。

华夏民族对龙的崇拜，从炎黄时期开始，历经变化，从简到繁；又从朴实变为华丽。我们今天在美

▲ 龙

术品及画作中所见到的龙，基本上是清朝时期的龙。

现在从资料中整理出一些龙在古代器物上的形象，从中不难看出"龙迹"。

商代。商代的玉龙雕刻，龙头方正，角呈柱状，但并无头发及胡须，构图简单，有四肢，爪为三爪。

战国时代。战国的龙纹玉造型，头部较扁，龙角加长，身体也是长长的，玉树临风，非常潇洒。

唐朝。龙角有分叉，身体短胖。这是唐代龙纹镜惯见的龙的造型。

南宋。南宋人陈容所绘的龙图，龙角分叉更多，脸部更复杂，龙身极长。此前，龙一直是三爪的，到宋时已变为四爪。

明代。明代的龙，爪为五爪。这样的龙，只限宫廷可用。现存一件明代漆器的盘子，上面雕的龙，四爪，可见非宫廷所用。

清代。清代的龙，其形象和我们现在所见的已相差无几。

根据以上理由来看，"龙"的确是不存在的。早在东汉时，王充就在《论衡·龙虚篇》里引经据典，否定了"龙能为神、能升天"的妄说。

龙虽是人们崇拜的神，但人们通过它集中了各种动物的美，并赋予它人格化的各种理想的含义。这些含义历代说法虽不尽相同，但大体上是：剑眉虎眼，象征威严英武；鸳脚鹰爪，代表勇敢果断；鲤须阔额，暗喻聪明智慧；鱼尾蛇身，显示着灵活机变；狮鼻鲢口，象征富贵吉庆；马齿牛耳，表示勤劳和善良；脊背上的书梁椎刺，寓意气节；腿上的火焰披毛，代表神圣；鹿角是长寿的意思……

《《 龙体现了什么 》》

龙体现了古老中华民族的理想、情操、气质、尊严、意志和力量，它是创造了几千年文明历史的中华民族的伟大象征。因此，炎黄子孙们自称是"龙的传人"。

恐龙的发现

　　1824 年，最初发现的恐龙被科学家们称为"巨型石化蜥蜴"。这食肉型两足动物的化石是 1818 年前由一群工人在英国牛津伍德斯托克附近一个采石场内发现的，后来被安置在英国牛津大学博物馆里。恐龙的第一块骨化石已有人在 1677 年做出过精确的解释。但是，对这种动物自然习性的认识还是很久以后的事。直到 1842 年，这种巨型动物才被命名为"恐龙"（令人恐惧的蜥蜴）。

　　已知最早的恐龙是埃雷拉恐龙，对这种恐龙的认识来源于 1989 年在阿根廷安第斯山脚下发现的一具相当完整的恐龙骨架，这具骨架是由保尔·塞雷诺率领的一支美国芝加哥大学探险队发现的。据考证，这种恐龙大约生存于距今两亿三千万年以前，其名称以一位早年发现了一些恐龙化石的考古学家维克多里诺·埃雷拉的名字命名。埃雷拉恐龙是一种食肉动物，站立时的体高约为 2～2.4 米，体重超过 100 千克。这种恐龙具有双重咬合的颚骨，这一特征在五千万年以后出现的恐龙中是没有的，因此它在恐龙进化过程中占据很重要的地位。人们对另一些生存于侏罗纪的早期恐龙的认识来源于从巴西、阿根廷、摩洛哥、印度以及苏格兰所发现的一些不完整的恐龙化石。

　　有史以来，地球上最大的脊椎动物是鳃恐龙（有腕足的蜥蜴），分别见于非洲和北美洲的丹达古鲁构造和莫利逊构造层，大约生存于距今一亿五千万年以前。曾有报道说，这类恐龙中体型最大者重量估计超过 190 吨，但这些估计未必可靠。目前

▲ 恐龙

对这类恐龙体重的估计范围在 30～80 吨之间。迄今发现的这类恐龙较可靠的重量为 35～40 吨。不过，它们活着的时候，体重可能还要增加 33%。

　　从已知完整的骨架来看，最大的也是最高的恐龙是体型细长的鳍蜥类恐龙，这

种恐龙的遗骸是由一支德国探险队于 1909 年至 1911 年间在坦桑尼亚著名的丹达古鲁遗址发掘出来的。这具恐龙骨架后来被装船运回德国柏林的洪堡自然博物馆，并在那儿安装修复，于 1937 年正式对外展出。这具世界上最大的恐龙骨架全长 22.2 米，肩高 6 米，头部昂起时高 14 米。这只恐龙的重量估计有 31.5 吨。

在博物馆内还有一具单独的恐龙腓骨，这具腓骨比已经安装好的那具恐龙的腓骨还要大 13%。据计算，这具腓骨可能属于一只体长 25 米的蜥脚亚目类恐龙，估计这只恐龙的肩高为 6.8 米，从脚底至昂起的头顶整个高度为 16 米，体重 45 吨。

在美国科罗拉多州西部发掘的恐龙骨架与上述恐龙属同一类，只是体重还要比它们重一些，估计即使在比较消瘦的情况下，这种恐龙的体重也有 50 吨。

1985 年和 1986 年在美国科罗拉多州西部安表帕格里高原出土了三具蜥蜴脚亚目类恐龙化石。名为"双臀蜥"的恐龙遗骸发现于 1979 年，根据一根巨型脊椎骨推断，这可能是一只鳍蜥类恐龙，与 1979 年发现的另一只名为"最大的蜥蜴"的恐龙属同一种类。这后一只恐龙据说体长 30 米，重达 100 ～ 130 吨。

1972 年在同一地区发掘的名为"超级蜥蜴"的恐龙遗骸由一些肩胛骨和颈椎骨组成，其高度估计有 16.5 米，整个体长约为 25 ～ 30 米。这只恐龙可能是梁龙属的恐龙。

恐龙留下的足迹也是估计其形体的证据之一，见于摩洛哥塔格鲍鲁特和见于美国得克萨斯州帕卢克西河的恐龙遗迹都说明它们是属于体型较大的恐龙，估计体重有 50 吨。

最长的恐龙足迹

1983 年，在美国科罗拉多州东南部距今一亿四千五百万年前的莫利逊地层，发现了 4 只雷龙留下的几道并行的足迹，共延续长度达 215 米。

泰坦龙属的一些恐龙，据考证其形体也是超大型的，发现于南美洲、印度和哈萨克斯坦被称为"南极蜥蜴"的恐龙，就重量而论，也许是蜥脚纲恐龙中最重的品种。在阿根廷拉普拉塔博物馆里存有一段可能是泰坦龙属恐龙留下的股骨，这段不完整的巨型股骨完整时的长度不会少于 2.4 米，由此推断，这只恐龙的体重约有 55 吨。

1985 年，在美国新墨西哥州阿尔伯克基附近某处出土的一批梁龙属恐龙的遗骨，据说是"已知最大的恐龙"遗骸。据新墨西哥州自然博物馆古生物学家戴维·吉勒特博士介绍，这只巨型恐龙（非正式地称为"撼地蜥蜴"）估计总长度为 30.5 ～ 36.5 米，重量至少 44.6 吨。但是，尚不清楚的是，这只新发现的梁龙属恐龙与先前发现的梁龙属恐龙"超级蜥蜴"的体重是否一样。

目前已知恐龙的最大重量在 50 ～ 100 吨的范围内，但是并不能肯定这就是陆地脊椎动物的体重极限。根据理论上的计算，某些恐龙的体重也许能接近陆地动物的体重极限，即 120 吨。假如体重超过这一极限，那么支撑这一庞大躯体的腿将非常粗大，恐龙也就根本没法行走。

恐龙的足迹

恐龙是已经灭绝的古动物。它生活在地质历史上的中生代，距现在已有7000万年了。而最早的人类在地球上出现才不过二三百万年。所以世界上没有任何人能看到活着的恐龙。

恐龙的化石最初是在英国发现的。1842年，英国古生物学家欧文给当时已发现的一些巨大的、样子像蜥蜴的爬行动物取了个名字叫"歹勒所"，意思是"恐怖的蜥蜴"。后来我国翻译时借用了"龙"字而译成"恐龙"。

我国发现最早的恐龙是黑龙江边的一种鸭嘴龙。1902年被沙俄军官窃去一批，并在伯力报刊上当作古象化石作了报道。1915～1917年前后，又有一帮沙俄的御用学者前来盗掘，先后挖了三个夏天，盗走了大量化石。

新中国成立后，我国陆续在二十多个省、市发现了恐龙化石，但完整的骨架甚少，仅修复、陈列了9具，其中从自贡出土的就占了4具；还有几具正在修复中。近十年来，自贡市郊已发现化石点26处，发掘了2处。其中大山铺化石群仅初步发掘，就已出土化石30余吨，有上百个恐龙个体，较完整和不够完整的骨架8具。恐龙头骨很脆弱，不易保存下来，因此十分珍贵，而大山铺已出土的就有4个。其中一个

▲ 恐龙

完整的中侏罗纪剑龙头骨，举世罕见，对研究剑龙的起源提供了新材料。过去，国外学者都认为剑龙起源于欧洲，现在看来，应该说是起源于亚洲。

自贡为什么多恐龙呢？原来，大约在一亿八千万年前，整个四川盆地是白茫茫的一片大海。后经喜马拉雅山造山运动，盆地逐渐隆起，海水慢慢地向古地中海退去。盆地内湖泊纵横，河流密布。自贡正处于一个湖泊的边缘，炎热的气候使湖水逐渐干涸，形成一片沼泽地带。苍郁的原始森林，茂密的水生植物，促进了恐龙的大量繁殖。在海洋到陆地的变迁中，海水中大量盐分和动植物遗体沉积了下来，又经过漫长的地质与生物化学作用，逐渐形成了盐卤、天然气矿。因此，恐龙化石成了自贡地下有大片盐海、气海的旁证者。

恐龙总的分两大类，有近 200 个属种。既有重达百吨的巨龙，又有小鸡般大的美颌龙；既有性似恶霸、弱肉强食的惧龙、霸王龙，又有驯良的食草龙；既有身高 8 米、其吼似雷的鸭嘴龙，又有仅小猫般高的鹦鹉嘴龙；还有身披利甲的剑龙，像坦克般的甲龙，带角的角龙，美丽而硕大的戟龙……至于恐龙蛋与恐龙脚印，更是化石中的珍品。

专家们找到化石后，都要给它们续家谱、查祖宗。如果发现是新的属种，就给它们命名。在自贡，已发现的食草龙和食肉龙，有鸟脚类的"盐都龙"、兽脚类的"四川龙"——霸王龙的一种，还有剑龙"沱江龙"。已陈列的"峨眉龙"，活着时体重 30 吨，为我国第二具大型蜥脚类标本；"沱江龙"为亚洲第一具完整的剑龙标本。

几十年来，我国科学工作者在祖国辽阔的土地上已经发掘和装架了不少完整的恐龙骨架。例如在四川省出土的合川马门溪龙，高 3.5 米，长 22 米，估计活着时体重达四五十吨。这是一种头小、脖子长、体躯异常庞大、四肢着地的蜥脚类恐龙，是目前亚洲发现的这一类恐龙中最完整的一具，也是我国目前最大的一具恐龙骨架。1964 年在山东诸城县发现的巨型山东龙，是一种平头的鸭嘴龙，前肢矮小，后肢粗壮，两腿立地，还长着一条又粗又长的大尾巴。装架后，身高 8 米，长 11 米，几乎有三层楼那么高，是目前世界上鸭嘴龙类中最高大的一具。我国科学工作者还在喜马拉雅山采得了鱼龙化石，在新疆准噶尔盆地发掘了翼龙化石，它们证明在一亿六千万年前，喜马拉雅山还是一望无际的大海；在一亿年前，新疆的戈壁沙漠还是广阔无垠的大湖。我国关于恐龙的科学考察和研究成果不胜枚举，它们都为古地理、古气候的研究，以及在地质学上对地层年代的鉴定提供了宝贵的资料。这些资料是地质工作者寻找矿产的重要依据。

兴旺的恐龙世界之最

在距今 2 亿多年到 7000 万年前的三叠纪、侏罗纪和白垩纪时期，地球上到处都有恐龙，这是恐龙称霸的世界。当时，天上有飞龙，水里有鱼龙，陆地上有霸王龙等；有吃肉的恐龙，有吃草的恐龙，还有杂食恐龙。林林总总，千姿百态。

最长的恐龙

从前人们一直认为，在北美洲发现的梁龙是世界上最长的恐龙，它身长 26.25 米。拥有像蛇一样的脖子，像鞭子似的尾巴，用这条长尾巴来回扫动抵御来犯的敌人。它吃大量的植物，用像铅笔一样细的牙把叶子从树枝上扯下来。

然而，1986 年，在美国新墨西哥州上侏罗纪的岩石中，发现了一个巨大的食草性恐龙化石，称为震龙，这才是最长的恐龙。根据它的骨骼大小推断，这只恐龙长约 42.67 米，肩胛高 5.19 米，臀部高 4.58 米。

最高的恐龙

1979 年 7 月下旬，在美国科罗拉多州一个古代干涸的河床里，发现了一块长为 2.74 米的腕龙的肩胛骨化石。经推测，这头腕龙长 24 米，前肢高 6 米，伸直颈部可高达 18 米，它抬起头来可以自由自在地伸进 6 层楼房的窗户里。体重足有 80 吨，大约相当于 12 头大象的重量。

生活在 1.46 亿年前的腕龙，以植物为主食，每天所吃的植物量可堆积如山。它的牙齿像锋利的钉子一样，可以咀嚼各种植物。它的前腿比后腿长，很像一头长颈鹿，可以攀吃高大树干的枝叶，也可以低下头来吃地上的低矮植物，这就使得它的食物很充足，不会挨饿。

▲ 长壳皱角龙

最残暴的恐龙

霸王龙是已知最大的食肉恐龙之一，它生活在

8000 万年以前，身高体壮，体长可达 12 米，重约 8 吨，比一头成年大象重得多。特别是那巨大的头颅上，上下两排尖利的牙齿，短小精悍的前肢，极为粗壮有力的后肢，一看就是善于厮杀格斗的"凶神"。

大龙也是残暴地猎食其他动物，甚至食草恐龙的猛兽。它的头很大，在强有力的上下颌中长着弯曲的牙齿，像切肉的刀一样，顶端有锯齿，用于咬食新鲜的猎物。在它的前脚和后脚上，长着尖利的爪，用来攻击大型的野兽。

最小的恐龙

　　世界上最小的恐龙要数细颚龙了，它只有一只大公鸡那么大，体长为 0.6～1.0 米，长得小巧玲珑。细颚龙的行动很敏捷，跑起来也很快，专吃昆虫等小动物。它的下巴呈椭圆形而且很光洁，有"美妙的颚"之称。

　　细颚龙前肢很小，只有两个趾，用处不大，后肢强壮有力，有 4 个趾，用来行走，并善于奔跑。尾巴又细又长，用来平衡身体。

会飞的恐龙

　　生活在 6700 万年前会飞的恐龙，称为翼龙。它体形非常庞大，两个翅膀展开足有 10 多米长。天空是它们生活的空间，常常在空旷的水边成群飞翔，用又尖又长的嘴啄食鱼类。

　　奎查尔龙可能是所有飞行动物中最大的一种。这种巨大的翼龙从一个翅膀顶端到另一个翅膀的顶端，几乎有 12 米长，就像一架轻型飞机，体重有 65 千克。

　　翼手龙种类很多。有的翼展只有 0.6 米，而有的翼展达 12 米，但多数翼手龙都是短尾巴、长脖子，嘴长而窄，嘴里长满尖牙，是捕食贝壳和小鱼的能手。

有角的恐龙

　　在恐龙的家庭中，有一类恐龙是头上长角的，称为角龙类恐龙。它们有三角龙、肿角龙、戟龙、牛角龙和五角龙等。它们生活在白垩纪晚期，以苏铁、棕榈、蕨类等植物为食，性情温顺。

　　三角龙身长 9 米，身高 3 米，体重 5～6 吨，头上长了三只角，两只角长在两只眼睛的上方，足有 1 米多长；另外一只角长在鼻子的上方，比较短。它的三只角是用来防御敌人的武器。

穿盔甲的恐龙

　　这种恐龙的背上、头上、颈部和尾巴上都披着坚硬的盔甲，人们称它"甲龙"。这种恐龙身长 7 米，身高 1.5 米，体重 4 吨，看起来很像装甲车。

恐龙拾趣

脖子最长的恐龙

见于中国中南部四川省的一种生活于侏罗纪晚期的蜥鳍类恐龙，是所有曾在地球上生活过的动物中脖子最长的动物，其长度为 11 米，占其身体总长的一半。

大脑最小的恐龙

大约在 1.5 亿年前，在如今美国科罗拉多、俄克拉荷马、犹他、怀俄明诸州到处游荡的剑龙属恐龙，体长约 9 米，可大脑却只有一只胡桃那么大，仅重 90.9 克。这种恐龙的体重估计为 1.9 吨，换句话说，它的大脑的重量只是它体重的 0.004%。而大象的大脑是其体重的 0.074%；人的大脑是体重的 1.88%。

脚爪最大的恐龙

见于蒙古南部纳门格特盆地的一种生活于白垩纪晚期的大镰恐龙是所有已知动物中脚爪最大的动物，测量到的一

▲ 蜥鳍类恐龙

只这种恐龙的脚爪外弧为 91.44 厘米。据推断，这种像镰刀一样的脚爪是用于捕获和撕裂大型猎物的。但是这种恐龙的颅骨却不发达，有些只有部分牙齿，有些则一颗牙齿也没有，因此也有可能是以白蚁为生的。

最大的恐龙蛋

已知最大的恐龙蛋来自于名为"高脊蜥蜴"的恐龙，这只体长 12.2 米泰坦龙属的恐龙生活在大约 8000 万年以前。1961 年 10 月在法国南部埃克斯昂普罗旺斯附近的迪朗斯河流域发现的这些恐龙蛋均未破损，一些大个的恐龙蛋长 30.5 厘米，直径 25.4 厘米（容积 2.7 升）。

会游泳的恐龙

鱼龙在海洋里生长，是个游泳能手，它身体强壮，最大的体长可达 15 米，小的

也有 2 米多，以小鱼、鱿鱼为食。它长着像鱼一样的鳍和尾巴，能来回畅游，尾巴宽大有力，能推动上吨重的身体前进。鱼龙不是鱼，而是爬行动物，它有两大特征：一是在水里生殖繁衍后代，但它生下来的是小鱼龙，而不是卵；二是鱼龙不是靠鳃呼吸，而是靠肺呼吸，所以总是游到水面上来呼吸空气。

嘴巴像鸭子的恐龙

有一种生长在白垩纪晚期，吃树枝嫩叶的恐龙，它的嘴巴像鸭子的嘴巴，宽而扁平，它的脚掌上长着蹼，也很像鸭子的脚掌，所以科学家们称它为"鸭嘴龙"。

>> **最大的恐龙足迹** <<

1932 年，在美国犹他州盐湖城发现了由一只大型鸭嘴龙留下的巨大的足迹。经测量，其长度为 136 厘米，宽 80.8 厘米。其他从科罗拉多州和犹他州发现的恐龙足迹宽度在 95 ~ 100 厘米之间。据认为是由最大的鳍蜥类恐龙留下的足迹，宽度也在此范围内，为 99.8 厘米，这一足迹是后脚留下的。

鸭嘴龙的嘴很特殊，前部没有牙齿，而后半部却长着 2000 多颗棱形小牙齿，排列得密密实实的，咬起食物来，活像一架碾碎机。它们的骨化石完全和我国的画"龙"不一样，之所以称它为"龙"，是因为科学家发现了一种古动物遗骸，简直说不出它是哪类，因而外国生物学家就给它起了个新名。这门科学传入我国，为了翻译上的便利，就借了我国通用的"龙"字，当做这种爬行类的总称。其实，中古代的爬行动物和我国的画"龙"根本是风马牛不相及的。

身披宝剑的恐龙

在距今 1.6 亿年前的非洲、北美洲等地，生活着一种稀奇古怪的剑龙。从头部、背部到尾部的脊柱上，生长着宽大的骨质甲板，每块骨板呈三角形，骨板是空心的，如槽状，血液可从中流动，尾巴上长着又长又尖的几根尾刺。身体比较长，约 7 ~ 10 米，身高 4 米，有 2 吨重。据研究，剑龙的骨板是中央空调系统。当身体过热时，骨板就背向太阳，可散热降温；当身体过冷时，骨板就朝向太阳，可吸收热量保暖。

剑龙从不侵犯别人，当它受到侵袭时，就举起唯一的武器——又长又尖的尾刺，去鞭打敌人。

长着鳄鱼脑袋的恐龙

白垩纪早期唯一的大型食肉恐龙——笨爪龙，它的头部形状和鳄鱼的头一模一样，长而扁，头顶上还有一个"大包"，嘴巴很长，上下腭各自镶嵌着 64 颗尖利的牙齿，像锯一样锋利。捕鱼时嘴巴张得大大的，大鱼小虾来者不拒，通通吞食。

笨爪龙的前后四肢都长着钩状的尖爪，但它是三趾爪的恐龙。前肢上大脚趾特别大，向内弯曲着，长约 30 厘米，很像捕鱼人用的鱼叉，是捕鱼、猎物的重要工具。

恐龙灭绝之谜

恐龙，以及其他一些陆地上的和海洋里的动物，何以突然从历史舞台上消失呢？较有说服力的有下面几种说法：

海水变淡　祸及恐龙

"海水变淡论"者认为：在7000万到8000万年前，地球外壳受到碰撞，使北冰洋变成一个孤立的内海。由于雨水的作用，北冰洋原来的咸水也被冲淡，因而含盐的成分降低。但在6500万年前左右，北冰洋堤岸发生缺口，格陵兰岛和挪威被分离出来。较冷和较轻的北冰洋便流入较暖和的北大西洋，在大洋原有的盐分较重的水流上面，形成一层冷流，从而导致大洋水温下降了16℃之多。这一巨变足以置许多海生动物于死地。同时，较冷的水又会使地面空气变冷，使上升到大气层的水蒸气的数量减少，因而雨量锐减，从而导致旱灾的发生，促使许多陆地动物濒临死亡。

气候骤变　恐龙灭种

"气候变化论"者认为：深海地质钻探显示出早在6500万年前，恐龙生活地区的海水和大气温度都较高。因此，一旦周围环境的温度高于其体温，动物也就难以忍受了。因为它们的身体不能散热，如果气温稍微升高几

▲ 恐龙

摄氏度，就会对动物的精子的产生造成不良后果，尤其是较大型动物的精子，往往不能存活。恐龙断宗绝代的悲剧就是由于雄性生殖系统受破坏而造成的。

近年来，生物学家们对鸟、鳖、鳄的实验显示，长期的刺激（如气候变热）使雌性动物的激素受影响，会导致蛋壳变薄。有些学者认为，恐龙的灭绝，很可能是由于恐龙蛋壳变薄、易碎，胚胎不能发育所致。

星球碰撞　恐龙遭殃

1978 年底召开的美国科学振兴协会的年会上，又出现了一种新学说，认为小行星与地球相撞，是造成地球上的恐龙完全灭绝的原因。这一学说是美国加利福尼亚大学的物理学家阿尔瓦雷斯提出来的。

阿尔瓦雷斯的学说是根据用中子放射法分析在意大利和丹麦发现的于大灭绝时期形成的、变成黏土的岩石层（厚约 1 厘米）时，发现铱的含量达到其上下石灰岩层含量的 25 倍这一事实而提出的。铱在地球上为稀有金属，宇宙中也不多。阿尔瓦雷斯根据这一事实推测，这层夹在石灰岩层中间的铱来源于宇宙。可能在靠近太阳系的宇宙中发生了超新星爆发，或者是小行星与地球发生了碰撞。不过，根据铱的残留量来分析，如果是超新星在距离地球 0.1 光年的近距离上的爆发，那么不仅是恐龙，连地球上所有的生命都一定会灭绝的。因此，还是小行星与地球相撞的可能性较大。据推测，一颗直径 7～10 千米的小行星，与地球相撞时放出的能量相当于一亿兆吨的炸药，给地球造成直径 175 千米的大陨石坑，粉碎了的小行星体的岩石飘散在天空中，最后落在地球上，形成了上面所说的黏土石层。

这种岩石层当然还能从地球上的其他地方发现。实际上，从西班牙、荷兰、美国以及深海底等都能发现同时代堆积的丰富的铱岩石层。

阿尔瓦雷斯根据小行星与地球相撞的可能性判断说，大约有 20% 的微粒子到达了高空，3～5 年间飘浮在平流层。由于这种尘埃的存在，所以植物的光合作用不充分，结果使大型动植物灭绝。而且，似乎海生物种受到的影响特别大。因为从那一时代灭绝的物种来看，淡水生物种灭绝 19%，而海生物种的灭绝率却达到 50% 以上。并且，陆地上重 27 千克以上的大型动物都灭绝了，只有初期的哺乳类小动物残存了下来。恐龙正是在这种强烈打击下灭绝的。

阿尔瓦雷斯说，直径 10 千米左右的小行星每一亿年左右要与地球相撞一次。因而，古生代末（2.7 亿年末期）的大灭绝也许基于同样的原因。因此，有关研究人员在古生代的二叠纪地层和中生代最初的三叠纪地层之间，发现了上述黏土的薄岩石层。

另一种说法是，地球遭受外星碰撞后，大气发生变化，变得透明，紫外射线得以大量穿过大气层，从而导致了恐龙的灭绝。

另一方面，"星球碰撞论"也同样受到反对者的反驳。反对者认为，在如此恶劣的条件下，恐龙灭绝了，为什么别的动物还能生存下来呢？

在众说纷纭、莫衷一是的情况下，一些科学家又提出了新的见解。他们认为恐龙的灭绝是多种因素造成的，不是单纯哪一种力量、哪一种因素所致。有的科学家认为，恐龙的灭绝可能根本不是外来的因素造成的，而是在自然法则下演变的结果。凡物种有生必有灭，大概恐龙作为一个物种，到了该"灭绝"的时候了，那么它也就自然而然地在地球上消失了。

恐龙灭绝原因的争论还在继续着。

"活的救生圈"——海龟

海龟是棱皮龟、玳瑁、海龟、蠵龟的统称。它们的形状跟陆地上、河中的龟差不多，背上也长着硬壳：有的是完整的一块，叫龟板；有的是分成一片一片的，叫角质鳞。

世界上的龟类中，海龟最大，几十千克到几百千克的都有。它是用肺呼吸，每隔20多分钟就要游到水面上来，用鼻孔呼吸空气。不过，海龟的肛门也能跟鼻孔一样起呼吸作用。

海龟的繁殖生育也十分有趣。它的繁殖季节一般是在六七月间。雌雄海龟在海洋中交配以后，雌龟就在每天早晨三四点钟吃力地爬到海滨沙滩上，用四肢挖坑，然后把卵产在坑里。一只棱皮龟能产卵90～100颗，也有的能产300颗；一只玳瑁能产卵130～250颗；一只海龟能产卵60～70颗；一只蠵龟能产几十颗卵。产完卵以后，它们用四肢扒沙土把卵掩盖好，然后悄悄回到海洋中去了。卵完全靠阳光的

▲ 海龟

热量来孵化。经过 70 天左右，小海龟就破壳而出了。这时候，雌海龟就又回到原来的地方，把小海龟们领到海洋中去。

海龟特别能忍饥挨饿。有人做过试验，有的海龟绝食 3 年也不会死，这在动物界可以算是冠军了。海龟的寿命也很长，有的可以活到 300 岁。据说，海龟的寿命还有更高的纪录，海龟是名副其实的长寿动物。

海龟捕食龟虾是很凶猛的。但是它有一怕，就是怕四脚朝天，只要被弄得翻转过来，它就一点办法也没有了。

在太平洋、大西洋和印度洋的热带和亚热带海洋里，生活着世界上最大的龟——棱皮龟。

棱皮龟的背甲并不像其他龟那样具有坚硬的角质龟壳，而是被以柔软的革质皮肤。背甲为心脏形，上有 7 条纵行的棱起，棱间凹陷似沟，这些棱起是由许多不规则的多角形小骨板组成。腹甲骨化，有 5 条纵行棱起。四肢由于长期适应于海洋中游泳生活而成桨状，前肢很长。背甲长一般为 1～2 米，体重在 200 千克左右；而最大纪录者，背甲长可达 2.5 米以上，体重达 715 千克。

棱皮龟生活于海洋中，善于游泳。1970 年，在我国长江口捕获一只棱皮龟，根据它身上所挂的标记得知，这只棱皮龟是从英国沿海被投放大西洋的，可见它游泳本领之强。

前些年，波兰的报纸刊载了一条消息——"活的救生圈"。说的是一艘利比亚商船在尼加拉瓜沿岸遇到风暴的袭击，船员们顽强地同风浪作斗争。忽然，暴风把船员基姆从甲板上刮进大海。当时因为忙乱，谁也没发现基姆的失踪，商船继续按原来的航向航行。基姆在汹涌的大海中得不到别人的救护，只能独自同波浪搏斗。他很清楚，如果只靠自己的力量，最多还能坚持十来个小时。正在绝望之际，突然，他眼前出现了一个椭圆形的东西，这是一只巨大的海龟，他毫不犹豫地抓住了龟甲的边缘，吃力地爬了上去，于是大海龟用"背"驮着他向岸边游去。大约过了两个小时，瑞典邮船"堡垒"号在离开尼加拉瓜海岸 300 千米的地方发现了基姆。邮船迅速地接近他，把他救了上来。

《 最小的海龟 》

世界上最小的海龟是大西洋的肯氏鳞龟，这种龟的背甲长度为 50～70 厘米，重量为 36.3 千克。

事后，有关的海洋学家建议，船员应配备遇险时自救用的专门吸盘，这种东西可以很方便地固定在龟甲上。如果发生了上述情况，这种装置就将显出巨大的威力了，因为像棱皮龟、蠵龟这样大的海龟龟甲上能站不少人。

由于海龟有了这个"救人"的事例，所以被人们誉为"活的救生圈"。海龟的行为大大启发了人们，目前不少海洋生物学家认为海龟可以帮助人类，而且有些国家正在对海龟进行专门训练，使海龟在海洋环境里帮助人类工作。例如帮潜水员把仪器送到 60 多米深的水下，将缆绳从船上拉到水下作业区，拖拉舢板，还可以让海龟把人从一条船上送到另一条船上，或者送到岸上，等等。

日本学者还训练大海龟进行专门的拯救作业，包括让海龟把舢板和其他装置拖拉到"遇险"区和用无线电控制海龟在外海"航行"等。

海龟能长时间潜在水下，在这方面，它是善于潜水的其他动物（例如海豚、海豹等）所不能比的。它能连续在水下待上几昼夜而不需浮到水面换气，这是它进行水下作业的有利条件。

海龟每年都循着一定的洄游路线作长距离的往返游行，且从不迷失方向。就连从未出过远门的幼龟，也能沿着母龟走过的老路，且游回原来的栖息地。据专家研究，海龟这种远航的本领是由海龟体内的生物钟所控制的，它可以根据太阳的位置，参照海流和水温，来校正它们的前进方向。科学家正在努力探索这一奥秘，以便根据它的原理来研制新的导航仪器。

海龟带来的繁荣

在哥斯达黎加瓜纳卡斯特省，有一个濒临太平洋的小村庄，叫奥斯蒂奥纳尔村。从前，这里的村民光着脚住在棕榈叶编成的棚屋里。如今，他们有了鞋穿，有了带客厅的房子住，有了自行车，有了自来水，孩子们有了摇篮，孕妇们有了医疗保险，老人们有了养老金……

这一切的变化都是因为海龟，是海龟蛋为这里带来了繁荣。

从1966年起，哥斯达黎加开始禁止捕杀海龟以及使用来自海龟的任何制品。但是这一措施并未能完全制止当地人出于生存的需要而偷猎海龟的行为。1987年，海龟保护组织、科研人员和哥斯达黎加政府决定对两个地方的居民开禁：一个是利蒙省，允许那里的居民每年捕杀1800只绿海龟；另一个就是我们开始提到的奥斯蒂奥纳尔村。允许这两个地方的居民在当地政府的监控下，收集和出售海龟蛋。

从1985年起，哥斯达黎加政府就在奥斯蒂奥纳尔村设立了国家野生动物保护所，保护每年来这里产卵的数以万计的鹦嘴龟，以及珍贵的坎普氏里德利海龟。这里是哥斯达黎加第二大海龟繁殖地，也是世界上最重要的海龟繁殖地之一。到目前为止，科学家在全世界只发现7处坎普氏里德利海龟的产卵地，而这里是其中之一。

海龟繁殖的过程总是相似的。第一批几十只海龟总是在大海涨潮的时候到来。随着天色逐渐变暗，上岸的海龟也越来越多。50只、100只、200只……突然间，海龟的大兵团出现了。在灯塔的光亮下可以看到，

▲ 海龟

800 米长的海滩上，到处都是上岸产卵的海龟。科学家们将这一现象称为"上岸"。成千上万只海龟就这样从深海来到这片沙滩，集体上岸，同时产卵。

虽然海龟每年产下大量的卵，但是成果并不显著。在这里产下的卵中，大约只有 8%的卵能够最后孵化成幼龟。奥

▲ 海龟蛋

斯蒂奥纳尔村的这片海滩太小，无法满足众多海龟的需要。当第一批海龟在头天夜里产下卵之后，第二批海龟又会在第二天夜里到来。它们在沙滩上寻找产卵地的时候，往往会把头一批海龟产下的卵刨出来。结果海滩上到处都是海龟卵，它们成了海鸥、猫、狗、浣熊以及人类的食物。

在奥斯蒂奥纳尔村，每年的八九月份，在海龟上岸后的 36 小时内，是法定可以收集海龟蛋的时间。每到这时，奥斯蒂奥纳尔村的 200 多名村民就开始翘首等待来自海上的上天恩赐。十几年来，这一直是生活在这里的人们的主要经济来源。

被称为"集蛋人"的村民从早到晚不停地忙碌。对于他们来说，时间是宝贵的。男人们跪在沙滩上挖掘，寻找着海龟的窝，一旦找到之后，就由女人们来收集海龟蛋。她们小心翼翼地将这些直径 40 毫米左右的小东西放进口袋中，然后集中起来，仔细地清洗干净，最后将这些海龟蛋送往一个看守严密的仓库中。孩子们也不闲着，他们跟在父母身后，将不慎被弄破的海龟蛋从沙滩上清除掉，以免海龟蛋的蛋液渗入沙滩中，改变沙滩中微生物和昆虫的生存环境。因为海龟蛋破裂而造成的沙滩微生物过量增殖，是导致海龟蛋不能孵化或是孵化出的小海龟死亡的主要原因之一。

《《 九死一生 》》

每 100 只小海龟中，大约只有 1 只能够逃过疾病、鲨鱼以及渔网的威胁长大成年，然后重返奥斯蒂奥纳尔村海滩产卵，年复一年地重现这一自然界的奇观。

奥斯蒂奥纳尔村是个年轻人的村庄。在全村的 400 名后代中，有 50%年龄在 15 岁到 19 岁之间。大约 60%的人都从事与收集海龟蛋有关的工作。奥斯蒂奥纳尔整体发展联合会是村民组织的专门负责海龟蛋贸易的机构。每次海龟上岸后，当地居民采集到的海龟蛋就由这个联合会负责包装并向全国销售。

在哥斯达黎加，海龟蛋十分受欢迎。这些海龟蛋中有一半销往面包店，另一半则销往全国的餐厅和酒吧。但海龟蛋出口是被禁止的。哥斯达黎加人食用海龟蛋有各种各样的方式。生吃、做成沙拉、放在啤酒或者甘蔗酒中饮用等等。哥斯达黎加人还认为海龟蛋的蛋黄能壮阳补肾。无论如何，在生活水平并不太高的哥斯达黎加，海龟蛋是重要的蛋白质来源。

奥斯蒂奥纳尔村的村民也把海龟蛋当做一种美味来享受，这种美味几乎是他们全年收入的来源。这个村庄中年龄 15 岁以上，定居时间超过 10 年的人，都成为整体发展联合会的一员，分享着联合会在海龟蛋贸易中获得的利润。

在 20 世纪 50 年代，这个村庄只有 4 座可以称为房屋的建筑。如今，这里已经有了 100 多幢房子，有了保健中心、学校、警察局，甚至还有一个旅游信息中心。村民们骄傲地说："我们目前所拥有的一切大部分来自海龟蛋。海龟数量增加了，奥斯蒂奥纳尔村也就人丁兴旺了。"

显然，以海龟蛋为生的奥斯蒂奥纳尔村村民是最重视保护海龟的人。

海龟导航的奥秘

海龟科的龟类在我国沿海有 3 个属、3 个种。其中有一种叫"海龟",大的可达450 千克。另一种叫"蠵龟",可达 100 千克以上。还有一种叫玳瑁,其背部角板上布满具有光泽的黄褐色花纹。除这几种外,还有一种棱皮龟科的"棱皮龟",和海龟科是近亲。海龟大都以鱼、虾、蟹、软体动物及海藻为食,活动范围一般离海岸不太远,迷航的船只往往能根据海龟的出没,判断陆地的远近。

海龟和蠵龟的脂肪可以炼油,肉味十分鲜美,而且富有营养。龟板炼制的胶是高级补品,对肾亏、失眠、肺结核、胃溃疡、高血压、肝硬化等病的治疗颇有帮助。其掌、胃、胆、卵、油、血等均能入药,有清热解毒的作用,而且可以加工成各种手工艺品,自古以来就为人们所珍爱。

海龟是一类大型海生爬行动物,生活在热带海洋里,偶尔随着漂流来到温带海域,但不在温带产卵繁殖。海龟是著名的海洋旅行家,幼小的海龟自破壳而出之日起,便开始了旅行洄游的生涯,在漫长的旅游途中不断成长和发育成熟。当生殖季节快要到来之时,海龟们即使在千里之外,也要三五成群地结伴回到"故乡"——原产卵地交配产卵。

平时性情温顺的海龟,到了每年的发情期间,活动非常频繁,争先恐后地去寻找自己的伴侣。

海龟可以在岸边及水中交配,许多雌龟可将精液贮存 4 年之久,以致在往后几年内不再进行交配,也可产生受精卵。这种现象在脊椎动物中是

▲ 棱皮龟

很少见的。

海龟每年多次产卵。当夜深人静的时候，母龟便悄悄爬上僻静的海岛，在沙滩上的较高处选择好产卵地点以后，便用桨状肢扒开一个大沙坑，陆续将比乒乓球稍大的卵产入坑内，一边产卵还一边"流泪"。有人误认为海龟流泪是"分娩阵痛"引起的，还有人认为它在怀念大海，其实都不是。海龟并不像人类那样有思想、有感情，它们的行为都是本能的表现。海龟的眼旁有一盐腺，它平时总要通过"流泪"的方式，不断把血液内多余的盐分排出体外。这是海龟长期在海洋生活的进程中，对海洋生活的一种适应。

《《 最大的海龟 》》

迄今为止记录到的最大的棱皮龟是 1988 年 9 月 23 日在英国哈勒奇海滩被海水冲上岸来的一只雄性龟。这只龟总长度为 2.88 米，两只前阔鳍之间的宽度为 2.8 米，总重量达 914.5 千克。1990 年 2 月 16 日，这只海龟在英国威尔士自然博物馆对公众展出。

在茫茫大海上迁移，海龟怎么会认识归途呢？有人认为它们可能同某些洄游鱼类一样，体内有着某种能利用地球重力场辨识方向的"导航系统"，同时能参照海流和不同时期的水温来校正航向。多年以来，人们对海龟万里航行不迷途的本领怀有极大的兴趣，设想有朝一日揭开这个秘密。

不久前，美国科学家马克·格拉斯曼、大卫·欧文等提出：海龟具有气味导航能力。

格拉斯曼和欧文为了证实海龟的气味导航能力做了有趣的实验。他们把一些 4 个月的小海龟放在一个大木箱里，木箱由 4 个彼此隔开的小室组成。每室中的水和沙都不相同。小室里面分别盛有来自派特尔岛的海水和沙，来自加尔文斯顿岛的海水和沙，以及两种人工配成的海水和沙。科学家通过观察并记录海龟进入每个小室的次数和待在小室里的时间长短，来判断小海龟对不同的海水和沙的喜爱程度。结果发现，12 只海龟进入加尔文斯顿岛海水和沙的小室的次数比进入派特尔岛海水和沙的次数多一倍。欧文指出，这说明来自两个岛上的海水有相似之处，所以小海龟都光顾了两个小室。但是它们在异域海水里只是探索和寻找什么，它们似乎觉得加尔文斯顿岛的海水不对头，而到了派特尔岛海水和沙里，才发觉有了回家的感觉。这些小海龟的老家确实是派特尔岛。

科学家分析了吸引海龟的海水的特征问题。欧文说，每个海滩都有自己的动植物生命的"生物踪迹"，这种踪迹能提供一种特有的"生态气味"，而正是这种生态气味吸引了小海龟，并帮助它们认得回家的路。当然，海龟也可能具有诸如太阳定向、磁场定向等其他的导航能力。

海龟产卵流泪的学问

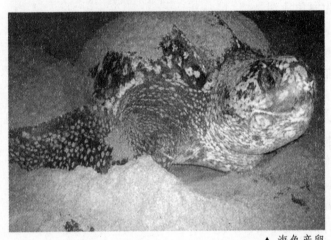

▲ 海龟产卵

4月，西沙群岛已是炎热的初夏，在大洋中已成年的海龟，纷纷返回它出生的故地——西沙群岛繁殖后代。

西沙的夜晚显得格外宁静。只见母海龟慢慢地游近岸边，然后用它的4只桨状的爪，蹒跚地爬上沙滩，寻找它认为安全可靠的地方产卵。别看这些海龟体形笨拙、行动迟缓，在挖坑筑巢时却显得十分灵巧。当它找到合适的地方时，就用后肢有节奏地将泥沙一点点地挖出来，抛出坑外，经过一个多小时的辛苦劳动，挖成了一个略呈方形、深30多厘米的卵坑，休息片刻后，就开始产卵。龟蛋如乒乓球大小，每次产卵多达150个。它一边产卵，还一边"流泪"。有人认为海龟流泪是"分娩阵痛"引起的；也有人认为它在怀念大海；还有人认为它离开水上陆以后，为了防止眼睛干燥，并不让沙粒进到眼睛里才流泪的。

其实，都不是。

尝过海水的人都知道，海水又苦又涩，是根本不能喝的。海水原来是一种成分复杂的混合溶液。在整个海水中，水占96%～97%，溶解于水中的各种盐类和其他物质占3%～4%。

目前，在海洋中已经发现的元素有80多种，主要有氯、钠、镁、硫、钙、钾、溴、碳、锶、硼、氟等元素，占海水中全部元素含量的99.8%～99.9%。其他元素在海洋中的含量极少。19世纪20年代，马塞特对海水化学成分进行了比较系统的测定。他从大西洋、北冰洋、地中海、黑海、白海、波罗的海，以及中国沿海，采取了很多海水样品，进行化学分析。他发现了一条重要规律，即世界大洋海水都含有相同的成分，而且各种成分含量是比较稳定的，这就是海水组成的恒定律，人们称之为"马塞特规律"。1872～1876年，迪特曼在太平洋、大西洋和印度洋上采集约77个水样，进行化学分析，进一步证实了马塞特规律，只要知道海水中某种元素的含量，就可以按比例计算出其他元素的含量。

海水中的盐类是多种多样的。主要有氯化物、硫酸盐和碳酸盐。尤其是氯化物的含量，占盐类总量的88.6%，仅氯化钠（食盐）就占总盐类的77.7%。正是由于海水中含有大量的氯化钠，才使海水变咸。氯化镁的含量占10.9%，硫酸盐的含量占10.8%，碳酸盐的含量占0.3%，镍化镁的含量占0.3%。其中硫酸镁就是我们平时所说的泻盐，它使海水变苦。

人们通常用"盐度"来表示海水中各种盐类的总含量。通俗地说，盐度就是在1000克海水中所含盐类总量的百分数。例如1000克海水中含35克盐，如果用千分数表示海水中的平均盐度，即为35‰。

含有这样高盐度的海水是不能饮用的。因为人体的肾脏不能排除这样高浓度的盐

> **≪≪ 潜水最深的龟 ≫≫**
>
> 1987年5月，据斯考特·埃克尔特博士报告，一只身上带有压感记录器的棱皮龟在西印度洋群岛所属维尔京群岛沿岸的海水中下潜深度达1 211米。

分。通常人体肾脏排泄盐分的浓度不超过2%，如果喝了100毫升的海水，就要再喝75毫升的淡水，才能把海水稀释到2%。如果不喝淡水，就要从人体细胞中抽水冲淡，使人产生脱水现象。海上遇难者，如果得不到淡水补充，喝了海水就会产生脱水，感到口渴，甚至神经紊乱以致死亡。

海水里含有盐分的浓度大约为30‰，这比任何一种动物体内的液体和血液里含有盐分的浓度要高得多。海龟摄取的盐分，从什么地方排泄到身体外面去的？科学家用导管通过海龟的食道，向它胃里灌注等于它体重1/2的海水，经过3～4小时以后，进到它体内并且被吸收的9%以上的盐分，都随着它流出的泪水排泄到身体外面。可见，海龟流泪是它适应海水里生活的一种生理现象。海龟把进到体内的过多盐分排泄到体外的器官，就是生长眼窝后面的腺体，叫做"盐腺"。因为海龟生着"盐腺"，它才能吞食含盐分较多的海生物、植物和饮用海水止渴。至于它是怎样把盐分从海水中分离出来，这是科学家正在研究的课题，倘若能够揭开这个谜，将对海水淡化做出巨大贡献。

随着人口的增加和生产力的发展，人类对于淡水的需求量迅速增加。城市污水和工业废水的排放造成的水体污染日益严重，越来越多的国家和地区出现缺水问题。而浩瀚的海洋蕴藏着丰富的水资源。因此，一门新兴的综合性技术科学——海水淡化便应运而生了。

罕见的绿色动物

有一种绿毛龟，被视为我国的一种珍奇龟，有"水中翡翠"之称。它身上长的绿毛，实际上是一些水生的低等绿色植物——丝状的绿藻，包括刚毛藻、基枝藻等，附生在金龟和水龟的背甲上，很像绿色的毛。这些藻类繁殖很快，布满整个背甲。绿藻进行光合作用，必须有充足的阳光和养料。因此，绿毛龟生活在经常有散射光的环境中。

绿毛龟既是吉祥物，又是点缀美化家庭生活的观赏动物，也是滋补佳肴。绿毛龟，原产于湖北蕲春，名蕲龟，与蕲蛇、蕲竹、蕲艾合称为"蕲春四宝"。蕲龟，体色金黄，身披绿毛，寿命可达 90 年。其鲜品供食用，味甘、气平、性温、无毒，有滋阴补血的功效。此外，龟肉中富含脂肪、蛋白质、维生素 A、钙、磷、铁等营养元素。

绿毛龟喜欢在洁净的山泉或井水中生活。人工养殖是以黄喉水龟作种龟，用山溪藻接种，在适宜的水质、光照、温度条件下，使藻体附生在龟背和其他部位而成。

▲ 绿毛龟

当其附生绿毛后，就称为"成缨"。按其附生的绿毛的部位称呼其品名，如背甲有毛，称为本毛；背腹有毛，叫天地缨；头部有毛，则称牡丹头；单足有毛，叫单缨；双足有毛，为双缨等。如果头部、四足、背甲均有毛则称之为"五子夺魁"，是上品，最为难得。

绿毛龟因其为动植物的结合体，人工饲养要格外小心。首先，在选种上要选择福建产的黄喉水龟，其底板为象牙色，脚板为黄绿色，连盖面共"十三块"，条纹清晰无伤，也就是要选择头绿、颈黄、爪长的种龟来饲养，这样易于接种藻类，附长后也坚固。江苏、浙江以及上海江阴路花鸟市场等地均有

> **《绿毛龟》**
>
> 背甲着生基枝藻或刚毛藻等绿藻的金龟或水龟，叫做"绿毛龟"。藻为绿色，丝状分枝，一般长十余厘米，在水中如被毛状。

种龟出售。值得注意的是，切忌选择草龟接种。藻类最好选择生长在浙江山区的野生山溪藻与黄喉水龟接种，成活率高。当然，接种的气候、季节要适当，一般要选择温度适中的夏季或初秋季节；气温过高、过低，都会影响藻类接种成活率。

绿毛龟可承受的最高温度为 30℃，最低温度为 0℃，因此遇上大热天，太阳光强烈，超过 30℃ 时，就要及时把绿毛龟放到阴凉处"歇凉"，否则龟背上的藻类就会焦脆；冷天，气温低于 0℃，藻类易冻坏，需把它移到朝阳房间"取暖"，冬夏季节更要注意气温变化。

要用井水、江水以及山溪水养殖，有条件的最好用活水养殖。这样，可以增大水流面积，有利于藻类、绿毛龟的生长。若用自来水养殖，必须预先将自来水曝晒 1～2 天或放置 10 天以上方可使用，以防水中漂白粉污染影响绿毛龟生长。至于水温，一般掌握在 18℃～30℃ 左右。还要经常梳去附在藻体上的污物。

绿毛龟的食饵是黄鳝、泥鳅、小鱼、小虾、螺蛳肉、肉类或饭粒等饲料，也可喂食一些植物性饲料，如煮熟的青菜、瓜皮等，每隔 3～5 天投饵一次，喂的料量为龟体重的 1/20。当然，摄食的多少，也要根据气温高低变化而定。气温高，吃得多；气温低，吃得少。气温在 20℃ 左右，可每天喂食一次；当气温在 8℃ 左右，基本可以不投饵，但必须仔细观察，适时定量喂饵。

绿毛龟很像"五针松"，四季常春，饲养在"玻璃缸"里，漂浮着浓密的绿色茸毛极为美丽，既象征着"迎客"、"吉利"，又是美化房间的极好艺术观赏品。

在拉丁美洲，有一种罕见的绿色爬行动物，叫鳞蜥。它生活在树上，身体表面长着绿色的角质鳞片，酷似树叶的绿颜色，很容易隐蔽。它外形丑陋，体长 180 厘米，能在爬行中一次产蛋 24 枚左右。在当地印第安人的民间传说中，鳞蜥是所在部落兴盛发达的象征，所以备受保护。它是一种无害的食草动物，肉质细嫩，比嫩鸡还鲜美且富含营养。近些年来，由于其生存环境遭到破坏，再加上人们乱捕滥杀，巴拿马等国的鳞蜥已经绝迹。目前，德国已研究人工培养并获成功。

甲鱼的身价

　　龟、龙、凤、麒麟，被古人称为"四灵"，把龟崇拜成吉祥如意、先知先觉的灵物。在神话故事中，有龟帮助女娲补天，帮助夏禹驮运"息壤"制伏洪水的传说。古时候，凡帝王登基、出征、祭祀、狩猎及生老病死等，都要用炙灼龟壳所出现的裂纹来占卜预测吉凶。并用刀子在龟壳上刻下占卜的内容，这种占辞，成为我国最早的文字——甲骨文。汉代丞相、将军用的印，其上都铸有龟的形象。唐代规定只有五品以上的官员死了，墓前才能竖龟的石碑。唐代诗人陆龟蒙还以"龟"取名。受中国古代文化影响较深的日本，至今在姓氏里还保留有"龟"字。

　　龟以长寿闻名于世。科学家们发现，在动物和人的细胞里，有一个日夜运转的钟表，叫"生物钟"，它规定了寿命的长短。龟的全身细胞分裂可高达 110 次，所以龟的寿命可长达 300 岁。在我国洞庭湖内曾捕捉到一只 300 年以上的大乌龟。不过，与其他动物相比，龟长得十分缓慢，一只体重 500 克的龟，至少要长 6 年以上。

　　乌龟，也叫甲鱼，俗称"王八"，是一种具有较高经济价值的半水栖性爬行动物。分布在热带和温带，我国 18 个省市均有分布。乌龟食性粗杂，生命力强。

　　乌龟有趣的呼吸方式，给了人们以新的启示。乌龟没有肋间肌，凭借

▲ 甲鱼

头、足的一伸一缩使肺部一张一收，以获取氧气。古人发现了乌龟这一特殊的呼吸方式，仿效练习，在实践中又结合其他动物的特殊动作，于是便产生了"气功"，成为人们锻炼身体，延年益寿的法宝。

龟全身可供药用。龟肉不仅营养丰富，食用能滋补身体，还有治疗小儿遗尿、子宫脱垂、糖尿病、血痢、筋骨疼痛等病的作用。中医临床用得最多的是龟板（龟的腹甲）和"龟板胶"。龟板有清热、益肾健骨、补虚强壮、消肿治痈等功效。临床上常用其滋补降火、治疗因虚火引起

> **《〈 龟背潮，下雨兆 〉》**
>
> 冷血动物——龟，能较准确地预示夏天和春末秋初的雷雨。下雨前空气中水蒸气大大增加，散热快的龟甲上便凝成细小的水滴。所以，龟背潮湿了，很可能一会儿会有雨。

的盗汗、心悸、眩晕、耳鸣、足心和手心发热等。龟板还有抗结核功效，可用于治疗肺结核、淋巴结核和骨结核；也可用于治疗慢性肾炎、神经衰弱、慢性肝炎等。龟板胶的滋补效果比龟板好，能止血补血，适用于肾亏所致的贫血、子宫出血、虚弱等症。龟血可活血补血；龟头能治疗头痛、头晕等症。

1962年，日本科学家小岛孝治教授做了一个有趣的实验。小岛孝治把癌细胞分别注入鸡和甲鱼的体内，5个小时后作活检，发现注入鸡体内的癌细胞还活着，而且比较活跃；而注入甲鱼体内的癌细胞已被甲鱼的淋巴细胞包围着，成抑制状态，少数已被消灭。一周后，他又对进行实验的鸡和甲鱼作活检，结果在两者体内都没有找到癌细胞，也没找到致癌物质。这说明注入的癌细胞已被鸡、甲鱼体内的"卫士"消灭了。

紧接着，小岛孝治又做了一次实验：将癌细胞分别注入鸡、甲鱼的肌体，5小时后宰杀了鸡和甲鱼，都放在锅里煮，加温到100℃并煮上两分钟取出来检验，都没有查到癌细胞，也没有发现其他致癌物质及毒素。

甲鱼是高蛋白低脂肪的食物，对人体极为有益。甲鱼所含的蛋白质大部分是人体必需的氨基酸。特别值得一提的是，甲鱼所含的类似廿碳戊烯酸的不饱和脂肪酸是抵抗人体血管衰老的重要物质。不过到目前为止，人们在甲鱼体内还未找到可直接抗癌的物质。

甲鱼性味甘平，能"滋阴"、"补虚"、"去烦热"。对于癌肿病人来说，无论是早期手术的，还是进行化疗和放疗的，食用它都可起到辅助治疗作用。

癞蛤蟆勇斗大公鸡

这是发生在广州市郊的一个真实的故事。

一天上午，一只拳头般大小的癞蛤蟆正趴在稀疏的草丛中休息。这时，一只长着鲜红鸡冠的大公鸡正昂首阔步地向癞蛤蟆这边走来。突然，它发现了癞蛤蟆，于是立即收住了脚步，两眼紧紧地盯着它。这时，癞蛤蟆也毫不示弱，它鼓起那像小鼓似的肚皮，气呼呼地瞪着公鸡。双方如此这般"对峙"了十多秒钟后，突然各自同时退后了几步，摆出一副跃跃欲斗的架势。终于，

▲ 癞蛤蟆

大公鸡威武地鸣叫了一声，首先发起进攻。它猛扑过来，用它那坚硬而锐利的嘴在癞蛤蟆头上、身上一阵乱啄。癞蛤蟆没有"武器"，看来它似乎连招架的能力都没有了，而只有东躲西闪。不过它却临危不惧，而且把嘴巴张得大大的，直对着大公鸡喷气，那涨得像个圆球似的肚子也急促地起伏。它的头部和身上渗出了点点乳白色的液浆。不到3分钟，癞蛤蟆已被公鸡啄得血迹斑斑、伤痕累累了。围观的十多名群众以为这下子大公鸡已经稳操胜券了，不料就在这时，形势急转直下，只见大公鸡的攻势越来越缓慢，而且像个喝醉酒的醉汉，脚步不稳，身子东倒西歪，突然一个趔趄栽倒在地上，昏了过去。小小的癞蛤蟆居然斗败了大公鸡，赢得了胜利。

癞蛤蟆学名"蟾蜍"。它的外形比青蛙大，背部呈暗褐色或土黑色，腹旁有灰色的直纹，腹部肥大，黄白色中杂有黑色的斑纹，一对眼睛放着金色的光彩，口部阔大，趾端无蹼，性鲁纯，步行极缓慢。它平常多栖息在池塘、沼泽或湿地处，常在夏秋薄暮或黄昏时爬出来寻吃昆虫，冬季即转入地下蛰伏。

蟾蜍外貌很丑陋，背部有很多内含毒腺的疣状突起物，看起来像癞子，不然人

们是不会送给它一个"癞蛤蟆"的称呼了。

其实，癞蛤蟆并不癞，而且在诗人笔下被形容为如鼓如虎；人们还把月宫称为"蟾宫"。

诗人词家褒奖蟾蜍不无原因，因为蟾蜍是个实干家，整个夏秋季夜夜都悄然无声地吞食着农田林间害虫。例如严重危害农作物的蝼蛄、天牛、蚱蜢、金龟子、水稻螟等，都是它的"家常便饭"，蟾蜍一生中吃掉的纯动物性害虫约占总食量的80%，称得上是个"捕虫能手"。

癞蛤蟆一般在水边繁殖，且多在早春季节繁殖。雌体产卵于水中，体外受精，体外发育，卵外有胶质膜包围（即次级卵膜），卵数可达数千枚，卵呈黑色，在卵带中多呈双行排列。个体发育中有变态。幼体称为蝌蚪，用鳃呼吸，长大后鳃消失而生肺，长出四肢，尾部被吸收而消失，逐渐登陆生活。它的个体发育迅速而简短，反映了由水生到陆生的过程，对于研究动物演化提供了胚胎学方面的证据。

蟾蜍身上含有蟾蜍毒素、华蟾蜍素、华蟾蜍次素、去乙酰基华蟾蜍素、精氨酸、辛二酸等物质。实验证明华蟾蜍毒素、华蟾蜍素均有强心作用，能加强心脏的舒缩能力，扩张冠状动脉，其作用与泽地黄甙相似。此外，它们还有升高血压和利尿作用。

蟾蜍的耳后腺和皮肤腺能分泌一种乳白色的毒液浆（因此大公鸡啄它越多，中毒就越快），这种有毒浆经过加工，可以制成供药用的"蟾酥"。蟾酥为常用的动物药材，性温、味甘、辛、有毒，能强心、镇痛、抗毒，治疗慢性心脏衰弱、胃痛、腹痛等病，外用可治痈肿、恶毒及牙龈出血等。药理试验表明，蟾酥有兴奋心肌和迷走神经中枢的作用，能增强心肌收缩，升高血压。古方用于治疗疳疾和肿毒，现代仍用作六神丸的主要成分。

蟾头可治小儿五疳；蟾皮可制取蟾蜍色胺等十几种药剂，有传热解毒、利尿消胀、治疗胃癌等功效；蟾舌可拔疔；蟾肝可敷痈肿疗毒；蟾胆能治疗气管炎。

据报道，蟾酥对组织培养的癌细胞、动物肿瘤模型有抑制作用，临床应用有不同程度的抗癌作用。

日本国立遗传学研究所的研究人员发现癞蛤蟆很喜欢吃蟑螂，是蟑螂的天敌。该研究所的小动物饲养房里，早已成为蟑螂的天国：蟑螂"泛滥成灾"，令人束手无策。后来，他们在那里放养了癞蛤蟆，不久，蟑螂便绝迹了。解剖癞蛤蟆胃部，并检查它的粪便，发现它吞食的食饵中，除少量其他昆虫外，几乎都是蟑螂。

《 生活于最高处与最低处的两栖动物 》

发现两栖动物生存的最高度是7873.8米，这是在喜马拉雅山脉见到的一只普通蟾蜍。这种蟾蜍同时也在深度为334.5米的煤矿井里发现过。

珍奇的哈什蚂

哈什蚂，又叫"哈什蟆"、"油蛤蟆"、"黄蛤蟆"。它是一种典型的森林蛙类，所以又称"林蛙"。

林蛙是一种经济价值很高的无尾两栖类动物。其体较宽短，体长一般为 65～72 毫米，最大的雌蛙体长可达 80 毫米。它的前肢短，趾较细长。关节下瘤小而明显。皮肤略显粗糙，背及体侧有排列不规则的大小疣粒。背侧褶不平直。有明显的跗蹠。腹部皮肤平滑。生活时背面、体侧及四肢上部为土灰色，有黄色及红色小点。鼓膜处有三角形黑色斑。两眼间常有一黑横纹或在头后方有八形斑。雄蛙有一对咽侧下内声囊。四肢背侧有显著的黑横纹。腹面乳白色，衬以许多小红点儿，尤以大腿腹面为最多。

林蛙分布于我国黑龙江、吉林、辽宁等地，与黑龙江特产飞龙、熊掌、猴头并列为四大山珍。唐朝宫廷大庆宴席时都少不了它，被列入"八珍"。东北民间煮饺子时把活林蛙下锅，它则抱住饺子不放，成为有趣味的食品。

林蛙在长白山区分布甚广，数量很多。林蛙繁殖季节，几乎所有的水塘和水沟内都有。从海拔 400 米的山麓地带一直分布到海拔 1800 米的温泉和岳桦林。4 月末 5 月初，林蛙复苏后由越冬地进到水塘和小溪中产卵，卵成团状，每个卵团含卵粒 500～2000 个不等。5 月中下旬产完卵上岸后开始陆地生活，主要生活在茂密的森林中，尤以混交林和阔叶林中较多。它们多在晚间出来活动，白天多匿藏在倒木下或枯枝落叶层中。其食物主要为拟齿蚜、鳞翅目幼虫、叶蜂、树粉蝶、金花虫等昆虫，也吃蜘蛛、蛞蝓等无脊椎动物。

▲ 林蛙

中国林蛙是一种有益的动物。它不仅能捕食大量森林害虫，而且还可入药，特别是雌蛙的输卵管，是传统的名贵药材。

《《 林蛙的繁殖 》》

　　每年 4 月中旬到 5 月初，是林蛙的繁殖季节。雄蛙鸣叫，雌蛙闻声而至，抱对者多于黎明前在浅沙上产卵。卵群呈团状，每团 1000 粒左右，多者达 2000 粒。一般卵团先沉到水底，卵吸水膨胀后浮于水面。8～20 天孵出蝌蚪，一个月后完成变态。

在哈什蚂产地，人们一年要进行三次捕捉。一是春季"开江"，二是秋天"割地"，三为冬令"避素"。开江后的哈什蚂经漫长冬眠，肚内净空，肉特别鲜嫩；割地时则养分丰盈，肉质肥美；冬眠期的哈什蚂肉素血清，尤为珍贵。大量捕获期是在秋季 9～11 月间。捕捉的蛤什蚂除少量雄性者供鲜食外，绝大部分立即以木板击头将其处死，然后穿串风干，以备四时之用或剥取哈什蚂油。

哈什蚂的干制品，每 100 克含蛋白质 43.5 克，脂肪仅 1.4 克，碳水化合物 36.4 克，无机物质 3.8 克。哈什蚂较一般青蛙肉质细嫩，味道更加鲜香，为酒席佳肴和名贵补品，自古为人喜食。

"哈什蚂油"是人们的习惯称呼，实际上并不是"油"，主要是蛋白质，含量高达 50%，脂肪仅占 4%，糖为 10%，此外还含有无机盐、维生素 A、B、C、D，以及多种激素。哈什蚂油最主要的用处是作为一种强壮补益药，用于补虚退热、肺虚咳嗽。一般患病体弱，特别是消耗性疾病，服用哈什蚂油，有助于强身健体，抵抗疾病。其他凡精力不足需要加强营养、提高体质的人，也可适当服用。民间在妇女产后乳汁不足或无乳时服用哈什蚂油，有催乳作用。

哈什蚂是我国珍贵的野生动物药材，目前，哈什蚂、哈什蚂油已从一种地方性用药发展成为全国性，甚至全球性用药，其需求量迅猛增长。哈什蚂的需求过大，导致其价格猛涨。出口一吨哈什蚂，可换取小麦 50 吨，化肥 45 吨。价格暴涨，又刺激了人们更积极地捕杀哈什蚂，导致了一种恶性循环：乱捕滥杀——哈什蚂减少——哈什蚂价格上涨——更猖狂地捕杀。

目前，人工养殖哈什蚂已获得成功。人工养殖哈什蚂，必须选择有水源、森林、向阳的山区坡地，两山夹一沟最好。山坡以阔叶林为佳，针叶林中不能养殖。

哈什蚂生性怯弱，抗敌能力差，本身又无防御器官，只有消极隐蔽或借保护色保护自己，其不同时期有着不同的天敌。卵期和蝌蚪期主要天敌是家鸭、野鸭等，另外，鲶鱼、鲤鱼、鲫鱼等也很喜欢吃它。幼蛙期的天敌主要是青蛙等，一只青蛙每天可吃幼蛙 8～9 只。幼蛙上山时，常常受到水禽山雀的袭击；上山后，蛇、乌鸦、狐狸等动物经常袭击哈什蚂。冬眠时，狐狸、水獭、山耗子等经常伤害哈什蚂。因此，一定要加强看管，采取各种措施驱赶或消灭哈什蚂的天敌，以保障哈什蚂的正常发育生长。

蛙声十里出山泉

▲ 青蛙

齐白石是我国杰出的艺术家。作家老舍以"蛙声十里出山泉"这句诗为题，请齐白石老人画一幅画。究竟如何将这句诗表达的意境在画面上形象地表现出来呢？这的确是一个难题。齐白石老人一连思索了几天，终于画出了一幅杰作：画面上抹了几笔远山，一片急流从山涧乱石中泻出，水中浮游着几只小小的蝌蚪。画面上根本没有"蛙"，但从浮游在乱石流水中的蝌蚪，人们自然会联想到"十里"以外的"蛙声"。这是多么巧妙而含蓄的想象。

青蛙，动作异常敏捷，善于跳跃，是捕虫的能手，是庄稼的卫士。我国蛙类资源非常丰富，据调查，有180多种。其中有体重达200～300克的虎纹蛙、棘胸蛙、棘腹蛙；有小如蚕豆大小的浮蛙、姬蛙；有叫声像弹琴一样悠扬动听的弹琴蛙；有生活在树上的树蛙；有生活在水流湍急的小溪里的湍蛙；还有无斑雨蛙、东北雨蛙、黑斑蛙、粗皮蛙、林蛙、北方狭口蛙等。

青蛙靠肺呼吸，能以陆地为家，它的幼虫蝌蚪用鳃呼吸，只能在水中生活，所以青蛙属水陆两栖的脊椎动物。蛙类以各种昆虫为食，是农业害虫的主要天敌。生活在田野的青蛙，主要捕食水稻螟虫、叶蝉、夜蛾和蚊、蝇等害虫。

蛙类弹跳敏捷，适于水陆两栖生活，无论在森林、池塘还是稻田里，都不愧为扑虫能手。据观察，一只体型中等的林蛙，每天能吞食60～70只害虫，一只成龄雌林蛙一天能吃掉260只害虫，一只黑斑蛙每天可捕食害虫90多只，一只泽蛙每天可捕食200多只。

蛙类的扑虫能力主要依靠它发达的后腿和构造奇特的口腔、舌头、眼睛。

蛙的后腿发达，跳得很高，轻轻一跃便可扑到 60 ～ 70 厘米高处的昆虫。

蛙的嘴巴宽大，能吞食较大的食物。上颌生有小齿，又可防止食物从口中滑掉。

蛙的舌头比较特殊，舌根长在下颌前端，舌尖反而伸向嘴里。当舌头翻出嘴外，能伸出很长，扩大了取食范围。舌头的表面有许多黏液腺，经常分泌出大量黏液，以此粘住食物。蛙舌富有弹性，伸缩力强，能有力地把食物拉进嘴里。所以，舌头是蛙类捕食的重要工具。

蛙眼突出，对静物反应迟钝，对动物观察敏锐、判断准确，可以在瞬间捕捉到飞过的昆虫，然后伸舌卷回。科学家们根据蛙眼的构造及功能，已经仿制出十分精密的科学仪器，加速了我国科学事业的发展。蛙的眼球突出，能扩大视野，除了正后方和上后方以外，其余各个方位的活动物体都能迅速发现。同时，蛙的眼睛同口腔只隔着一层薄膜，眼眶底部又没有硬骨头。这样，蛙类在吞咽食物的时候，可以靠眼睛来帮助，眼睛一闭，眼球陷入眼眶底部，向下推压口腔顶壁，就能很快把食物咽下去，然后继续捕食。

春天，雌蛙、雄蛙在交配产卵时，雄蛙因有鸣囊，能发出"咯、咯"的求偶叫声，雌蛙无鸣囊，闻声而来。我国劳动人民总结出的通过蛙声判断附近青蛙的多少，预测年景的好坏的经验，是相当有科学根据的。宋代著名爱国词人辛弃疾在《西江月·夜行黄沙道》中有"稻花香里说丰年，听取蛙声一片"之句，把丰年和蛙声紧密地联系在一起。

青蛙还能预报气象。唐诗说："田家无五行，水旱卜蛙声。"农谚也说："青蛙叫，雨来到。"这些话是很有科学道理的。因为天将下雨时，空气中湿度大，气压低，影响了皮肤的呼吸，青蛙会感到不舒服而叫个不停。

在农村，农民亲昵地称蛙为"护谷虫"。因为青蛙善于在碧水清波之间游泳，人们叫它"水仙子"；又因为它喜欢引吭高歌，便赢得了"蛙诗人"的雅号。

蛙类是征服自然界的强者。在漫长的历史演变中，蛙类练就了一套对付敌人的本领：产婆蛙能将卵缠在后足上，然后伏于穴中；大鼻蛙的雄蛙将快要孵化的卵送入咽部的囊中，等小蝌蚪长到 1.3 厘米时，再送出来；巴西的雨蛙和南美洲的树蛙还会筑窝保护幼蛙。蛙类变色的本领也堪称一绝。稻田里的蛙，皮肤颜色很像稻叶；河边水草里的蛙，肤色像草叶那样碧绿；雨蛙的肤色更是变化多端，栖息在绿草中，呈现出绿色，爬在树干上，则变成褐色。

一只雌蛙在春季能产 5000 ～ 10000 个卵，按 1/3 或 1/10 成活率计算也有上千只新蛙出生。

> **《 最小的蛙 》**
>
> 已知两栖动物中最小的是小箭毒蛙，仅见于古巴，一般体长小于 1.3 厘米。

蛙的高超的筑巢本领

蛙的种类很多，有泽蛙、黑斑蛙、金线蛙、虎纹蛙、姬蛙、雨蛙、树蛙等。

蛙是水陆两栖动物。它由蝌蚪长成幼蛙后，登上陆地，用肺呼吸。但是，它的肺构造简单，呈囊状，吸入的氧气不够需要，还要靠湿润黏滑的皮肤协助呼吸。因此，青蛙一般生活在阴凉潮湿的场所，并经常进入水中，以保持皮肤湿润，有利于呼吸。

蛙类不分昼夜都捕食，三化螟、二化螟、稻纵卷叶螟、稻螟蛉、稻蝗、稻苞虫、黏虫、叶蝉、稻飞虱、稻椿象、稻瘿蚊、蝼蛄、斜纹夜蛾、金龟子等，都是蛙类的佳肴美味。据观察，一只泽蛙一天可吞食叶蜂等害虫 260 多只，一只黑斑蛙可吃 70 多只。一年之中，按蛙的活动期为 6～8 个月计算，一只泽蛙可消灭害虫 56000 多只。倘若每亩稻田有 600 只青蛙，则防治螟害的效果比施 1500 克甲六混合粉的效果还好。

蛙类善跳。蛙类跳远的成绩总是以其连续三次跳出的距离计算的。蛙类三级跳远的最高纪录是 10.2 米，这是一只名叫"桑蒂耶"的雌性南非尖鼻蛙于 1977 年 3 月 21 日在南非纳塔尔举行的蛙类比赛中创造的。

一年一度在美国加利福尼亚州安琪儿营举行的"卡拉韦拉斯跳蛙节"上，三级跳远的最高纪录是 6.55 米，这是一只名叫"铆工罗齐"的美国牛蛙在 1986 年 3 月 18 日创造的。"桑蒂耶"参加不了这种比赛，因为这一比赛规定，参加者"脚爪至臂部"的长度必须超过 10 厘米。

我们这里要介绍的是蛙的筑巢本领。

当蛙"成家立业"后，就开始考虑筑巢了。

南美集叶蛙像鸟一样是用植物的叶筑巢的。巢筑在离地一定高度的树枝上，从 1 米到 7 米不等；但有一点却是肯定的，即巢必须筑在伸出到水面上方的树枝上。当发现合适的树枝后，雌蛙就攀缘上去，用前肢牢牢地抓住枝梢，用后肢将叶子围绕着肚子卷成筒状；同时，从体内分泌出大量黏液将叶子粘住，这样就得到了很牢靠的巢。

最大的蛙

已知蛙类中最大的是歌利亚蛙，或称非洲巨蛙，见于喀麦隆和赤道几内亚。1989 年 4 月，美国人安迪·考夫曼在喀麦隆萨纳加河捕获的一只歌利亚蛙，口鼻部至排泄孔的长度为 36.8 厘米，倘若伸开四腿，那么总长为 87.63 厘米。1989 年 10 月 30 日这只蛙的体重为 3.7 千克。

接着，雌蛙就在里面产下 300～600 粒卵。如果第一个巢筑得太小，容纳不下这么多的卵，于是就需要重新造第二个巢。由巢里孵化出来的透明小蝌蚪会顺势掉落在下面的水中，在水中完成发育，最终变成一只只幼蛙。

但上述这种在空中摇摇摆摆的软叶巢，除了少数蛙喜爱外，

▲ 非洲巨蛙

并不受大部分蛙的青睐。因为蛙是两栖动物，它们最喜欢的是浴盆似的水巢。另一种雌性的"锻造"蛙擅长为自己的子女筑这样的水巢。当它们选定合适的浅水地后，就用前肢趾蹼托一块盘状物作为微型的小铲，用淤泥封住水巢底部，并用肚子和下颚抚平巢底内表面。这种水巢挂在树枝上，底部不脱离水面，内径一般不超过 30 厘米。接着，雌蛙就在水巢中产卵，孵化出的蝌蚪在里面度过童年时代，完全不必担心来自鱼或其他水栖动物的侵袭，因为水巢对于浅水中外来者来说是欲进无门的。

巴西蛙也会给子女造类似"锻造"蛙的水巢，只是选择巢址有其独特的癖好，建筑技术也迥然不同。通常巴西蛙将巢筑在树上。当找到合适的老树孔后，雌蛙就用树脂堵上裂隙，并把孔内壁也用树脂抹平，防止水透进巢内。随后它就耐心地等待热带雨季的到来，以便雨水将树孔灌满。但雌蛙会经常更换树孔，因为里面的积水很快会变得不新鲜，而这种不新鲜的水是不适合它的后代生息的。

加勒比海安提耳群岛"树叶"蛙的后代降生则是另一番情景。舐犊情深的蛙妈妈会将巢固定粘在某个幽静处，并在贮满水的巢内产卵。当巢内有 15～25 粒卵孵出后，巢内的空气就会明显地不够用。因此小蝌蚪在没变成幼蛙前，会用尾巴紧贴巢壁，尽可能多地汲取由巢壁渗进来的氧气。

你看，两栖动物中的蛙也是动物界建筑巢穴的能工巧匠吧！

青蛙是人类的朋友

青蛙是捕虫能手。青蛙大而灵活的眼睛看准活动的昆虫，便迅速翻出舌尖，粘住虫子，囫囵吞下。别看蛙的个儿头不大，胃口却不小，一只青蛙一年能吃掉一万多只昆虫，其中绝大部分是害虫。正如蛙吃虫、虫吃植物一样，蛙又是其他动物的食物。青蛙又名田鸡，就因为它味美如鸡而得名。人们权衡利弊，一方面保护蛙类，成为人类与害虫斗争的得力助手；一方面专门饲养一些大型蛙类，这样，蛙类做药、蛙皮制革或作"青蛙爱好者"的佳肴也就不成问题了。

其次，蛙是很好的实验动物。因为蛙卵大而裸露，易于观察和实验。人们用蛙做实验已是不胜枚举，蛙为人类科学发展做出了巨大贡献。

事实上，蛙类存在的本身就有着重大的意义。蛙类在动物分类学上被称为两栖动物。这里的"两栖"，不是指蛙类既能下水游泳，又能上陆跳跃的水陆两栖；而是指它们在从受精卵到成体的发育过程中要经过两个不同的阶段：一个是幼体阶段，有鳃，有尾，具有似鱼的身体构造，一般生活在水里。经过变态以后，由肺代替鳃，由四肢代替尾，成为能到陆地上生活的成体。这样的动物称为两栖动物，也有人主张称它为两生动物。然而，无论是"两栖"或称"两生"，都无法概括这类动物的全部特征。如生活在世界最高的淡水湖的的喀喀湖中的的的喀喀湖蛙，终生都生活在水中，从不上陆。而生长在澳大利亚的一种龟蛙，却终生生活在陆上，其卵在水

▲ 青蛙捕虫

外发育，并不经过幼体阶段。

两栖动物种类不多，在 150 万种动物中只有 2000 种左右，是脊椎动物中最少的一类。但在动物界的演化史上，却占有重要的地位。它们是脊椎动物由水生向陆生发展的先驱。距今 3.5 亿年前的泥盆纪，在当时淡水中的总鳍鱼类演化为有肺、有四肢的两栖动物。脊椎动物由此离水上陆，其后，由原始的两栖类动物演化出原始的爬行类动物，再由原始的爬行动物演化出鸟类和哺乳类动物。两栖动物在这里起了承上启下的作用。

<< **两栖动物** >>

两栖动物通常没有鳞或甲，皮肤没有毛，四肢有趾，没有爪，体温随着气温的高低而改变，卵生。幼时生活在水中，用鳃呼吸，长大时可以生活在陆地上，用肺和皮肤呼吸，如青蛙、蟾蜍、蝾螈等。

再从两栖动物的个体发育史来看，蛙卵受精后，在水中发育成似鱼的蝌蚪，经过变态，成为无尾的四足动物，几乎重演了这个物种的整个进化史。可见，探讨生物形成的个体发生学可以概述物种的系统发育和形成。这个观点由巴黎医院的一位医生安托尼·塞尔于 1824 年提出，并称为"塞尔定理"。

此外，两栖动物在发育过程中表现的某些不规则现象，还为揭开它们的发育机理提供了很好的研究依据。我们知道，两栖动物中有一类是有尾类，它们虽经变态但尾并不消失，四肢也不发达。而另一种称为美西螈的两栖动物更为奇特。1864 年，欧洲的随军科学家从墨西哥带回近 30 条活的美西螈，放在巴黎博物馆内饲养，出乎意料的是，这些美西螈竟开始变态，变成了一种美国东部有名的、地球上最大的典型蝾螈——虎螈。在自然状态下，这些完全水生的、具有明显幼体特征的——有外鳃、鳃裂、体表无色素、眼睛无眼睑——美西螈都是自行繁殖的。这种虎螈的幼体生出虎螈幼体的现象，生物学上称为"幼体生殖"。科学家们原以为美西螈和虎螈是两个不同的物种，在饲养条件下意外的变态才揭开了美西螈是虎螈幼体的奥秘。那么，美西螈为什么在自然状态下不完成变态呢？经研究，发现是由于自然界提供的食物中缺乏碘等物质所致。像这样的保持幼体状态，在许多其他的动物中也能找到，如飞蛾、群居的昆虫等。德国生物学家科尔芒称这种现象为"幼态持续"。

蛙类在人类文化生活中也占有一席之地。我国民间和希腊，都尊青蛙为智慧的动物，说它们能预示天时，是一种祥瑞动物，能保持水流洁净；在古埃及，青蛙象征着太阳和光明，灯以青蛙的形象出现；在法国，青蛙象征藏金、宝库，孩子们用的储蓄罐采用蛙的形象，它张着阔嘴随时准备把金饼一口吞下。

蛙战·蛇蛙战

1970 年 11 月 7 日，马来西亚首都以北 260 千米森吉西普地方的居民，在走过一处大泥潭时，看到了一幕惊心动魄的景象：蛙声震耳欲聋，成千上万只青蛙在奋不顾身地"血战"，你撕我咬，战斗进行得非常激烈残酷。这次蛙战聚集的青蛙达 10000 多只，有 10 多种。蛙战从 11 月 7 日爆发，直到 13 日才告结束，足足打了一个星期。这场奇特的青蛙之战，引起了马来西亚大学动物学家的重视，他们立即前往调查，但时过境迁，激烈的青蛙大战已结束了，见到的只是池水中的蝌蚪、蛙卵和遍野的死蛙。

在我国也发生过群蛙"大战"的场面。那是在 1977 年广州市郊的一个水坑里，数百只青蛙鸣叫声似擂鼓。有的在水面追打，有的用前肢打架，也有的十几只抱成一团，相互"鏖战"。残杀的结果，有的断肢残体，有的鲜血淋漓，景象极其悲惨。

1979 年 10 月的一个大雨天，贵州省某地一块水田里，竟有上万只青蛙搏斗，蛙声齐鸣，响彻山谷。

那么，为什么会发生群蛙大战呢？科学家研究认为：蛙"战"这种现象往往出现在久旱大雨后的凌晨，大雨创造了水域环境。蛙类是两栖动物，它的卵和蝌蚪必须在水中发育成长，因此，水是蛙类繁殖最重要的条件之一。在久旱不雨的情况下，青蛙不会产卵，即使腹内卵已成熟，也只好等待。一旦大雨降临，青蛙便倾巢而出，雄蛙首先选择适宜的水域环境，大声鸣叫，招引雌蛙，因而形成群蛙争鸣的场面，甚至成百上千只蛙被招引到同一水域里寻偶配对。在交配过程中，雄蛙追抱雌蛙，两三只雄蛙争抱一只雌蛙或雄蛙彼此错抱的现象屡见不鲜，因此成了所谓蛙战的奇异场面。其实，这是蛙类繁殖的正常现象。

既然不是蛙战，青蛙又为什么会死亡呢？大家知道，蛙类没有殴斗的武器，就连嘴边细小的小颌齿也只能起着将食物挂住不致脱落的作用，当然也就不可能伤害另一只青蛙。其死亡原因有几种可能性：雌蛙怀卵体笨，若被多只雄蛙紧抱，有的无法逃避，甚至窒息而亡；蛙类经过冬眠体质较弱，有的交配产卵，力衰过度致死；蟾蜍受到某种刺激可分泌出白色有毒浆液，青蛙接触后，有可能中毒死亡；此外，观看人群中难免有人用泥块或棍棒打死青蛙的情况。后来者不知实情，认为是蛙战中身亡。

在自然界里，两蛙搏斗的现象是十分罕见的。美国生物学家帕特丽夏·福格登博士在中南美热带雨林考察动物时，三次目击两只雄性哥斯达黎加毒箭蛙挺直后肢，各自用头部和前肢进行激烈的搏斗，持续数小时还难分难解，最终体大的蛙获胜，败

《毒性最大的两栖动物》

已知活性最强的动物毒素是从金箭毒蛙皮肤里分泌出来的蛙毒。平均每只成年金箭蛙所携带的毒液（约2毫克）能杀死差不多1500人。但是，令人奇怪的是，这种金箭毒蛙却是食蛙蛇的美味佳肴，也许食蛙蛇具有这种毒素的免疫力。

者默默地溜走。

"蛙战"使人惊心动魄，"蛇蛙战"更会让人目瞪口呆。

盛夏的一天，在湖南新田县门楼下瑶族乡，发生一场罕见的"蛇蛙战"。在一条清澈的小溪边，几只石蛙在溪边游玩嬉戏。石蛙身长13厘米，当地人把它叫做"石鸡"。这种蛙的雄蛙胸部多刺，科学家便给它起了个学名叫刺胸蛙。突然一条长约135厘米、重约2.1千克的紫黄色毒蛇向石蛙窜来。石蛙见状，慌忙躲避，随即发出"咕哇、咕哇"的叫声。顿时，众多的石蛙分别从岩石中、荆棘丛中向发声地奔来，数量足有四五十只。面对毒蛇的挑衅，群蛙一边哇哇鸣叫，一边伺机反扑。只见一只石蛙奋起一跃，前肢紧紧抱住蛇颈，随后，群蛙纷纷向前，紧抱蛇颈以下全身。毒蛇吐出长舌，翻卷身躯，而群蛙紧抱不放，几只大蛙轮流向蛇头发起冲击。大约经过2～3小时的搏斗，蛇的全身缠满了石蛙，动弹不得，最后窒息而死。

本来，蛇吃青蛙，青蛙吃鼻涕虫，鼻涕虫吃蛇，这是人们常说的生物链。但若说蛇被青蛙吃掉了，你信吗？日本茨城县

▲ 蛇蛙战

千代田村一位名叫荒井昭二的业余摄影家，便拍摄了一张青蛙吞食蛇的珍贵照片。

6月末的一天，荒井昭二公休在家，忽然听见后庭院的荷塘里有拍打水的声响。他出去一看，发现一只20厘米大小的牛蛙正吞食着比它身长大一倍的赤练蛇。荒井昭二急忙取来照相机，拍下了这一使人震惊的景象。他将照片拿到摄影家俱乐部，令同伴们惊叹不已。

日本最大的上野动物园园长中川志郎说："我从未听说过有青蛙吃蛇的。不过像这样大并且又是杂食性动物的牛蛙倒也不是没有可能。这种牛蛙是作为食用动物从美国进口的，是一种野生化了的归化动物。而赤练蛇只在日本有，它吃青蛙，但从没有发生被青蛙吃掉的事例。不管怎么说，这是极为罕见的事。"

蛙类育儿趣谈

夏天的黄昏和雨后，溪旁湖边群蛙齐鸣，此起彼伏，这是它们在为自己的"婚礼"高唱"祝酒歌"哩！

在我们人类常见的婚礼中，新郎和新娘少不得要穿红着绿地打扮一番，以示喜庆。然而，有趣的是，在蛙类世界中，它们也有自己传统的"婚装"呢！

蛙类已经离开水面上了陆地，但是婚礼大多仍然在水中进行。到了生殖期，新郎前肢第一趾或二、三趾之间的基部，开始长出隆起的肉垫，肉垫上还分布着能分泌黏液的腺体角质刺。动物学家把这种垫叫做"婚垫"，或者叫做"结婚的胼胝"。有了这种"婚垫"，新郎才能在水中紧紧地拥抱新娘。

蛙类属体外受精，当雌蛙接受雄蛙的拥抱后，便开始排卵，雄蛙接着向排出的卵粒上射精。大多数蛙卵产在水草上。卵在水里发育，没几天便钻出一个黑色的"小逗点"，这些"小逗点"便是青蛙的幼子——蝌蚪。它最初没有四肢，只能靠尾巴在水里游动。它们没有肺，而是跟鱼一样用鳃呼吸。此后，蝌蚪逐渐长大，尾巴萎缩，长出四条腿，鳃也消失了，长出了肺，这就变成了青蛙。

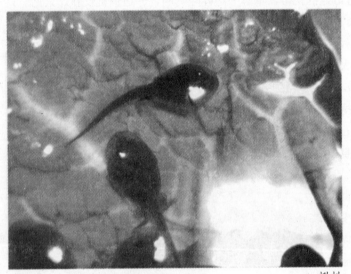

▲ 蝌蚪

在南美洲的圭亚那和巴西，有一种栖息于森林或水中的蛙，名叫负子蟾。它们的皮肤呈黑褐色，口内无舌，后肢粗壮，五趾间有很发达的蹼，善于游泳。

每年的4月，是负子蟾的繁殖期。这时雌蟾分泌一种特殊的气味招来雄蟾，雄蟾用前肢紧紧握住雌蟾的后肢前端，一昼夜后雌蟾的背部和泄殖腔周围便肿胀起来，接着开始产卵。此时雌蟾把泄殖孔紧贴在雄蟾腹部，而雄蟾则拖着雌蟾在水中上下翻滚。当雄蟾背朝下时，雌蟾恰好把卵产在雄蟾腹部受精。在繁殖期内，雌蟾背部的皮肤变得非常厚实柔软，并形成一个像蜂窝一样的穴，小穴数目多达几十甚至上百个。

在水中的受精卵由殷勤的雄蟾用后肢夹着，一个个地放在雌蟾背上的小穴里，并负责"封好"。两个星期后，在小穴里孵化形成的蝌蚪顶开穴盖，钻出后来到水中游泳。一个月后，小蝌蚪脱掉尾巴，变成了小负子蟾。负子蟾因有这种"负子"的习性而得名。一旦小蝌蚪从背上钻出，雌负子蟾会马上在树上或石头上蹭背，皮肤的上层便脱落下来，又恢复了繁殖前的模样。

缅甸有一种飞蛙，体躯轻盈，擅长攀登，并能在高空展蹼滑翔。生殖季节，雌蛙先到稻田边挖一洞穴，然后在里面产下白色成团的卵粒，孵化出的蝌蚪在梅雨季节顺流而出。

我国有一种树栖生活的树蛙，成体几乎终年生活在树上。生殖季节，雌蛙爬到靠近水边的树上，排出一团像泡状奶糕似的乳白色卵块，使之黏附在翠绿的嫩叶上，卵块发育成蝌蚪以后，由于蝌蚪不断地活动，使叶柄折断脱离树枝，自己也就随叶片落入水中。

有些蛙类是由雄蛙承担"育儿"的义务。法国的产婆蛙，繁殖季节，雌蛙产出卵块后，雄蛙就用自己的后肢把卵块牢牢夹住，然后慢慢潜入地下洞穴中，静候卵块发育。美洲还有一种树栖的囊蛙，雄蛙背部的皮肤呈折裂状，构成一间宽阔的"育儿室"，以容纳卵子的孵化。更有趣的是智利的鸣蛙，雄蛙可以把雌蛙产的卵子置于自己的鸣囊中孵化。

澳大利亚青蛙的育儿方式更为奇妙。雌蛙在水中产卵后，休息半个小时左右，然后将自己产的卵全部吞咽到胃里孵化，此后母蛙不再吃任何东西。蛙卵在胃里经过8个星期发育成小青蛙。待胃里的小青蛙能够在水中生活时，雌蛙便将口张得大大的，于是小青蛙一只接一只地从母体口中弹射出来。

众所周知，蛙和蟾属于两栖动物，它们的卵和幼体——蝌蚪只能在潮湿的环境里生长发育，不然就会干死。为了解决这一难题，带雨林的蛙类表现出形形色色护幼的绝招，实在让人叹服。例如委内瑞拉的侏袋蛙，把产下的卵安放在自己背部的育儿袋中，当蛙卵发育成蝌蚪时，雌蛙便会爬到水源处，屈曲身体，用腿剧烈摩擦背部，最后撕破了育儿袋，让蝌蚪进入水中发育成幼蛙。

有一种南美毒箭蛙，因为它的身体上半部呈红色，下半部呈黑灰色，人们称它为"红黑蛙"。人们发现这种蛙常常背着蝌蚪向水域急爬，科学家将这一现象称为"驮幼入水"。

还有一种名叫达尔文蛙，长相类似我国的角怪。每到繁殖季节，雌蛙便将卵产在雄蛙的大声囊里。卵在声囊里发育完全，幼蛙就从雄蛙口中生了出来，整个发育过程不需要接触水域，全靠雄蛙声囊供应水分。

蛙类繁殖的秘闻

青蛙和蟾蜍都是属于两栖动物中的无尾类。幼年时，在水中生活，用鳃呼吸。变态后，进入成年，由水生变为陆生，用肺呼吸，但也能回到水中生活，因此被称为两栖类动物。

春末的夜晚，无数的雄蛙浮在水面，鸣囊啼叫，雌蛙们则侧"耳"细听。最后，雌蛙悄悄地游到雄蛙的身旁，相互追逐，拥抱交配。因为雄蛙无交配器官，所以是体外受精，它们的拥抱仅仅是徒具形式。

青蛙在交配时的拥抱方式随个体不同而有所差异。有的雄性用两臂抱着雌蛙的胸部，全身趴在雌蛙之上；有的用两臂抱着雌蛙的腹部；个别的也有抱着雌蛙臀部的。它们拥抱的时间也不一样，有的青蛙需要拥抱 1～2 天；有的只需要拥抱数小时。在交配期间，雄蛙拥抱雌蛙往往不知疲劳，不思进食。所以生殖季节一过，有一些雄蛙就死掉了。

有时，在炎热多雨的夏夜，雄蛙也有抱着雌蛙鸣囊啼叫的，好似生殖时期的交配，这叫做"假交配"。

那么青蛙真能理解性爱的意义吗？回答是否定的。在生殖季节，假如你稍微留心的话，就会发现个别雄青蛙或雄蟾蜍在交配时，有时竟抱着一个死的雌性不放，好像它们只知道拥抱、交配，而不管雌性的死活。在国外，科学家就曾观察到有些鱼因被求爱的蛙抓紧，以致窒息。可见它们的交配是无感情的，完全是一种生殖的本能。

最近，美国的科学家对蟾蜍的求爱方式做了细心的观察和科学实验。他们发现，雌蟾蜍听到雄蟾蜍的求爱叫声后，对声音高的表示蔑视，而对声音低沉的表示好感。事实上，低沉的叫声大部分是特大的雄性发出的。在实验室中，他们又做了模仿较大的雄蟾蜍（体长 6.8 厘米）和较小的雄蟾蜍（体长 4.3 厘米）的叫声，对着 14 只雌蟾蜍鸣叫，结果 14 只雌蟾蜍全都朝着声音低沉的大雄蟾蜍的方向跳去。同时，他们还发现，低温能使雄蟾蜍产生深沉的具有诱惑力的声音，所以雄蟾蜍的求爱欲望

中华蟾蜍

中华蟾蜍，也称"癞蛤蟆"。体长达 10 厘米以上。背面多呈黑绿色，有大小瘰疣；腹面乳黄色，有棕色或黑色斑纹及小疣。上下颌均无齿。有一对很大的耳后腺。趾间有蹼。雄蟾前肢内侧三趾具黑色婚垫，无声囊。平时白天多栖于泥穴或石下、草内，夜出捕食昆虫等。

越强，它们就越向池塘中冷的地方跑，而把小的雄性驱赶到岸上或其他比较暖和的地方。不过，小雄蟾蜍有时也能设法悄悄地钻进池塘里的低温处，模仿声音低沉的大蟾蜍，引诱雌性上当受骗。

北美洲的索诺兰沙漠是世界上最荒凉的地方之一，每年的7

▲ 中华蟾蜍

月上旬，白天气温常上升至 37.8℃。在这样炎热的环境里，生存着一种蟾蜍，当地人叫它锄足蟾。因为在它的后腿上有角样的凸出物。这种蟾靠足上凸出物旋转，钻入地下，以逃避沙漠地带正午的炎热和干旱，它一年中有 10 ～ 11 个月生活在地底下。它们对雨点敲击地面的响声十分敏感，每当 7 月的暴雨刚过，成百上千的锄足蟾就从地下钻出来，觅食和繁殖后代。它们通常在夜间活动，在活动的 2 ～ 4 周期间，必须吃下足够维持以后 11 个月的食物。为此，形成了一只能贮藏超过它自身体重一半的食物的胃。其他蟾蜍的胃最多能贮藏相当于其体重三分之一的食物。

然而，进食对雄锄足蟾来说是第二位的，它们最积极的是在池塘里寻找配偶。择偶和产卵要持续整个晚上。一只大的雌蟾一晚上能产卵 1000 个。每到早晨，所有蟾蜍都离开池塘，钻入地下以逃避炎热的阳光。留在地面上的卵，开始是球形双色的，以后胚胎逐渐发育，使它比原来大 19 倍。卵产下 18 ～ 24 小时即孵出蝌蚪，约 5 天后，蝌蚪长出了后腿，只需 9 天，小蟾蜍就出现了。这样的繁殖速度可说是为人们所知的两栖类动物中最快的。然而，由于热带沙漠的太阳烘烤着池塘，仍会有不少小蝌蚪在还未发育成蟾蜍时就被晒死。

蝌蚪生长的速度取决于池塘中的水温和所含的营养物。雨水给蝌蚪带来了它们迅速发育所需要消耗的细菌和其他有机物。在温度接近 37.8℃的水中，微生物生长得非常快。此外，锄足蟾的蝌蚪会吃它们在池塘中能找到的任何东西，包括小虫。

小蟾蜍是索诺兰沙漠中最小的动物，它的重量约 0.28 克。刚离开池塘的小蟾蜍还不能像成年蟾蜍那样钻入泥土里，因此它们互相争夺着干裂泥地上的裂缝和树木下面的空洞，而那些找不到隐蔽处的小蟾蜍则会被炽热的阳光晒死。

出生后大约 4 ～ 6 周，那些活下来的小锄足蟾和成年锄足蟾一起钻入地底下 1 米的地方，沉睡到第二年夏季，等待暴雨把它们唤醒。

蛙声兆丰年

　　每当夏天，在池塘边，在稻田里，在沟渠旁，经常可以听到青蛙的鸣叫。尤其是在繁殖季节，雄蛙在水边高声鸣叫，雌蛙闻声赶来，两个紧紧地抱在一起。雌蛙将卵排在水中，雄蛙把精子也排到水中。卵和精子在水中完成受精作用。雄蛙的叫声之所以格外响亮，是和它口腔的构造有关。

　　在青蛙口腔的深处，有一个缝隙，称作"喉门"。喉门里有两片声带。当气体从肺里冲出时，使声带震动，从而发出声音。雄蛙口角的两边生有一对鸣囊，鸣囊对声带发出的声音有共鸣作用。因此，雄蛙的鸣叫声格外响亮。这也是雄蛙和雌蛙不同的特征之一。

　　平时，雄蛙不鸣叫时，两个鸣囊收缩，不容易被发现，当鸣叫时便凸出来。雨蛙的两囊是连接在一起的，成为一个居中的囊。发声时，鸣囊便胀得和身体一样大。在南美有一种蛙，雄蛙的鸣囊特别大，里面掩藏着许多蛙卵。这些蛙卵就在这里发育，待长成后，便从父亲的嘴里跳出来。还有一种泽蛙，鸣叫时两个鸣囊能忽然胀大，据说它是用来吓退仇敌的。

　　青蛙主要以农业害虫为食物。无论是能飞的螟蛾，善跳的蝗虫，躲在叶卷里的稻包虫，钻进棉桃里的棉铃虫，还是隐藏在洞穴中的蝼蛄，只要它们一出来活动，青蛙就会立刻捉住它们。据统计，一只青蛙按它在一年捕虫7个月计算，每年可消灭害虫1.7万只。所以，古今中外，人们都特别保护这种可爱的小动物。在瑞士的公路旁，有

▲ 青蛙

专门为青蛙让路的标志，提醒司机行车要留神，切不可随便伤害它们。

青蛙是用声带鸣叫的动物。和人一样，青蛙的声带也是在喉室里。当空气急速经过时，声带振动便发出声音。除了声带外，雄蛙在咽喉两侧还有一对外声囊，鸣叫时向外鼓出两个大气囊，使声音更加洪亮。不同种蛙的声音和调子也不同，有经验的人可以根据它发出的声调来判断是哪一种蛙在叫。雌蛙雄蛙都能叫，但由于雄蛙有了外声囊，所以比雌蛙叫得更响。

《蝌蚪的本领》

蝌蚪吃孑孓的本领很大，一只蝌蚪一天最多能吃 100 多个孑孓。孑孓是蚊子的幼虫，蝌蚪吃了孑孓，就等于消灭了蚊子。所以我们要保护这些"小逗点"似的小蝌蚪。

青蛙在什么情况下才叫呢？当它受到天敌（如蛇）的袭击时，就会发出急促的叫声。如果我们用手指压迫它身体的背面或捏住两侧时，它就要叫，压一次叫一声。几只蛙挤在一起，如另一只蛙触到它的背或腹侧时，也同样要叫。在环境条件特别合适的情况下也要叫。例如在夏天的夜晚，气温上升或是下雨的前夕和雨后，田野里的蛙声更是此起彼伏。

在生殖季节里雄蛙叫得最起劲。原来这叫声是为了吸引雌蛙来进行交配。当严冬一过大地回春的时节，青蛙从冬眠中苏醒过来，不久就进入生殖季节。具体的生殖时期和温度有密切关系。南方比北方回暖得早，南方的青蛙产卵期就比北方早。水浅而阳光充足的地方，水温比较容易升高，这种环境可使蛙产卵提早。在不同的年份里，如春天温度回升较迟，那年的青蛙产卵期也会比常年迟些。

蛙类以各种昆虫为食，是农业害虫的主要天敌。生活在田野里的青蛙，主要捕食水稻螟虫、叶蝉、夜蛾和蚊、蝇等害虫。青蛙捕食害虫的本领非常独特，它的口腔宽阔，舌软多肉，表面经常有一层滑润的黏液；更有趣的是，舌根长在下颚的前缘，跟人的舌头相反。另外，青蛙还长着粗壮有力、善于跳跃的后腿，一旦发现害虫，就跃身而起，舌头突然翻出，把害虫很快卷到嘴里，真可以说百发百中。依靠这种出色的捕虫本领，一只黑斑蛙每天可捕食害虫 70 多只，一只泽蛙每天可捕食害虫 200 多只。一年里，它的活动期有 6～8 个月，可以消灭害虫 15000 多只！

春夏夜间听到的蛙鸣，是雄蛙求偶时发出的声音。我国劳动人民总结出的通过蛙声判断附近青蛙的多少，预测年景好坏的经验，是有科学根据的。明代伟大医药学家李时珍在《本草纲目》叙述青蛙中有"农人占其声之早晚大小以卜丰歉"的记载。

青蛙和鸟类一样，在大自然的生态平衡中占有重要的地位。捕杀青蛙就是糟蹋粮食，和猎杀鸟类、破坏森林一样，都是一种愚昧、不文明的行为。可见，捕杀青蛙的行为多么不应该。大家都来保护青蛙吧。

关于蛙的新闻

蟾蜍能"闻到"将要发生地震

2011年12月1日英国《卫报》报道，人类无法觉察的化学反应可能会给动物一种"第六感"，在灾难发生前向它们发出警报。

人类难以准确预测地震活动，因此我们经常对地震或海啸这样的灾难毫无准备。

但像蟾蜍这样的动物似乎能够觉察到水中化学物质的微小变化，从而在灾难发生前逃离。

历史上在大地震发生前动物都出现了异常的行为，例如鱼儿跃出水面和螃蟹大量离开水体。

英国科学家观察到，在2009年意大利发生地震前，蟾蜍都消失了，震后又出现了。

观察蟾蜍的蕾切尔·格兰特说："这非常戏剧化。3天时间里96只蟾蜍几乎都不见了。"

研究者在发表于《国际环境和公共卫生杂志》上的论文中说："在2009年4月6日意大利阿奎拉发生地震前，我们观察到普通蟾蜍出现了极其异常的行为。"研究者们认为，岩石受到挤压而向空气和水中释放离子。这种变化可能引起生物血液中化学物质的改变。一些人在地震前会出现偏头疼就是同样的道理。

"湖水中化学物质的改变似乎刺激蟾蜍离开湖泊，到更高的地方避难，蟾蜍能感受到陆地和水体的化学反应。"

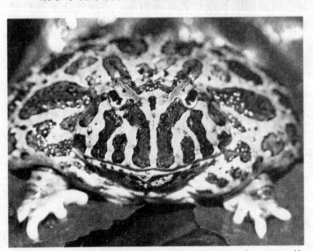

▲ 蛙

毫无疑问，在大地震发生前动物的确会出现异常的行为。如何利用这种信息来预测地震风险将成为今后研究的课题。

无肺青蛙

据西班牙《数码报》2008年4月8日报道，新加坡国立大学和印度尼西亚爪哇省万隆工学院的研究人员在印尼婆罗洲丛林中发现了一种独一无二的无肺青蛙。

这种名叫"加都巴蟾"的青蛙是迄今为止发现的第一种没有肺器官的青蛙，其身体所需氧气全部都通过皮肤吸入。此前科学家仅发现过两例这种青蛙，而此次由生物学家戴维·比克福德带领的研究小组发现了两群这种青蛙。

比克福德表示："我们知道要找到这种青蛙的踪迹得有非常好的运气，30年来科学界都在试图找到它们。而当我们真的捕获到了'加都巴蟾'并对其进行首次解剖时，我必须承认，一开始我对这种青蛙是否真的没有肺器官深表怀疑，认为这根本不可能。但当解剖结果证实了其的确没有肺时，所有人都大吃一惊。"

这种小型青蛙生活在雨林寒冷、湍急的河流中，因此研究人员认为，它们没有肺是进化过程中为适应环境的结果，因为这里的水流含氧量高，青蛙本身新陈代谢缓慢。此外，"加都巴蟾"身体扁平，这增加了其皮肤面积，能帮助它们吸收更多的氧气。这种两栖动物喜欢沉入河底而不是漂浮在水面上，而肺有漂浮作用，因此没有肺更有利于它们在河底生活。

比克福德指出："这种具有用皮肤呼吸的惊人能力的青蛙正濒临灭绝，而目前我们几乎对它们一无所知，非法开采金矿正在破坏它们的生存环境，使它们的未来岌岌可危。"

蛙类增加了 200 个新物种

2009年5月3日，美国每日科学网站报道说，马达加斯加发现约200种新两栖物种。科学家在马达加斯加确定了129种至221种蛙类新物种，这几乎使人们目前已知的两栖动物物种数量翻了一番。这一发现表明，作为世界上生物多样性的热点地区之一，马达加斯加的两栖物种数量被大大低估了。研究人员表示，如果照这一结果在全球范围推算，那么全世界两栖物种的数量可能还会翻番。

由西班牙科学研究理事会参与指导的这项研究成果刊登在美国《国家科学院学报》月刊上。

西班牙科学研究理事会研究员、就职于马德里的西班牙国家自然科学博物馆的戴维·比埃特斯教授说："马达加斯加的生物多样性与我们已知的相去甚远，仍要进行很多科学研究。我们的数据表明，新的两栖物种的数量不但被低估了，而且新物种在空间上的分布是广泛的，即使在我们进行了深入研究的区域。比如说，在马达加斯加的两个游客最多、研究最为透彻的国家公园，我们分别发现了31种和10种新物种。"

研究报告称，马达加斯加岛上其他物种的生物多样性可能也会丰富得多。因此，目前对自然栖息地的破坏或许会影响到更多的物种。由于马达加斯加雨林遭破坏的速度在世界上位居前列，历史上多于80%的雨林已经消失，因此制订保护计划是非常重要的。

如果青蛙消失……

蛙的种类极多。大者有重逾 250 克，鸣声如牛的古巴牛蛙；小的只有小拇指一样大。有通体黑斑，宛如豹皮的北美豹蛙；还有腿呈红色，生活在美国西南和加拿大的红腿蛙。在中美洲有鸣声特殊的"哨子蛙"；在我国四川峨眉山更有一种能发出"135"美妙动听声音的黑灰色"弹琴蛙"。在沼泽地带有泽蛙；在山涧溪流里有湍蛙。通常最常见的是水田和湖泊地带的青蛙；但又有活动于棉田麦地中、居住在泥洞中的"土鸡"和完全生活在干旱高山上的石蛙。在我国华南地区和东南亚、南美洲，还有四肢修长、脚趾皆有吸盘、潜伏于树上的树蛙。

一般来说，蛙皆能鸣叫，但在南海的南澳岛上却有一种"哑"蛙。当地民间传说是宋朝最后一个皇帝南退到南澳岛，因嫌蛙声吵人而口出怨言，所以这些蛙从此就不再鼓噪鸣叫了。

人们称中南美热带雨林为奇蛙王国，真是名不虚传。在这一奇蛙王国里，毒箭蛙可算是最大家族了。这类蛙身体很小，一般不超过 5 厘米，但体色却十分艳丽，好像在炫耀自己的美丽，其实是一种警告来犯者的危险"信号"。它们的美丽皮肤里有许多毒腺，能分泌毒性极强的物质，只要十万分之一克就能使人中毒而死。因此，在中南美热带雨林里，除人类外，毒箭蛙几乎没有别的天敌，以致今天依然"蛙丁兴旺"，成了最大家族。

蛙是本领高超的捕虫能手。蛙眼对活动着的物体感觉极其敏锐，一发现飞翔或爬行的虫类，就射出带有黏质的长舌头，将虫子捕获，吞于腹中。这一过程往往是在跳跃起来一瞬间完成的。蛙的"食谱"特别丰富，其中有稻螟、稻蝗、草蝗、蝗虫、草花虫、金花虫、天牛、蝼蛄等。蛙的食量大得惊人，一只蛙一天捕食的害虫，少则 50～60 只，多则 200 只。有人计算过，一只蛙一年中至少要吃掉 10000 只害虫！

一只青蛙每天的捕虫量可超过自己的体重（约 200 克），不到 50 只青蛙就能使 6 亩多稻田免遭虫害。蛙粪又为上等的有机肥料。青蛙还间接对疟疾及其他一些疾病的爆发有抑制作用。哪里蛙声盈野，哪里就人安粮丰，难怪广西的壮族至今仍保持富有趣味的"敬蛙节"。

"敬蛙节"又叫"蚂拐节"，因广西俗称青蛙为蚂拐。每年春节，壮胞以数村为单位，举行虔诚的敬蛙活动。主办者选派一二十名青年，四处到田野里"恭请"（寻找）青蛙。最先"请"到的被尊称为"蚂拐头"，群众向它唱"赞歌"，并在所捕的蛙中选一只健美的青蛙与它配对。接着把它们"护送"到村里的"后稷亭",向其祈祷。随后,再把它们装进一个大竹筒,由"恭请"到它们的两位"使者"用扁担抬进村,挨家挨户贺喜。"使者们"祝主人一家老少平安,六畜兴旺,五谷丰登。最后还要选择吉日,把"蚂蚜头"送到历代指定的地方,进行象征性的"安葬"。这时,全场的人虔诚致敬,奉献祭品,并敲击铜鼓以告天神。葬礼后,大家翩翩起舞,纵情对唱《蚂蚜歌》。

自古以来,青蛙都受到人类的保护。然而,近十几年来,西方国家食蛙风盛行,亚洲一些国家青蛙出口贸易十分兴旺,每年向欧洲人和北美人的餐桌上提供 2 亿多只蛙。南亚的蛙特别大,每只约 1500 克左右。在加工厂,经过灭菌处理,将青蛙砍成两截,后腿部分用于出口。大规模地捕杀青蛙,破坏了生态平衡,一些地区虫害泛滥。生态学者强烈要求各国政府颁布捕蛙禁令。然而,青蛙出口业既可挣回大量外汇,又能提供就业机会,因此生态学家的提案被搁置一边。有人形象地说,亚洲国家的稻田已成为东方生态学家和西方食蛙者的战场。

中国在亚洲是第一个禁止捕蛙的国家,但是今天仍有些地方还在捕蛙。印度曾在 1981 年出口 4368 吨蛙腿,创汇 930 万美元,为 150 万人提供就业机会,在印度环境部的坚持下,印度最终颁布了捕蛙禁令。这个禁令把蛙腿这道佳肴从许多餐馆中的菜谱上勾掉了。

孟加拉国并不禁止其每年收入 1200 万美元的青蛙出口业,只是禁止 3 ～ 7 月的繁殖期捕青蛙。印度尼西亚则鼓励农民多捕蛙,以换取更多的外汇。

生态专家指出,青蛙靠每日捕食各种昆虫为生,田

▲ 青蛙

里没了青蛙,害虫就会恣意毁坏农作物。由于捕捉青蛙很赚钱,乡民们便不顾一切地猎取。他们不知道,赚来的钱又得去买农药,而农药又将带来污染并降低了土壤的肥力。专家感叹地说:只顾眼前利益,破坏生态平衡,最终得不偿失。

除了疯狂地捕杀外,环境污染也是造成青蛙数量急剧减少的原因。

法国大学教授麦克·泰勒说,青蛙对人类大有益处,因为从青蛙的皮肤中可提取抗病化合物,包括抗细菌、抗真菌和抗病毒剂。他说,世界上有 140 个国家的青蛙数量正在急剧减少,尽管其原因很复杂,但是水污染很可能是造成这一情况的主要原因。

蛙桥蛇路

刁钻的老鼠成了蛇类的腹中物，无恶不作的蚊、蝇和庄稼害虫被蛙类扫荡着。自然界少了蛇类和蛙类，大概要成为老鼠、苍蝇、蚊子、蝗虫、蜈虫等的世界吧！地球食物链绝对少不了蛇、蛙这样的角色啊！可是，2010 年 6 月 9 日发表的一项研究表明，过去 10 年中，三大洲的蛇类数量大幅减少，从而引发了这种爬行动物在全球数量减少的担忧。

研究表明，从 20 世纪 90 年代末开始的 4 年时间里，英国、法国、意大利、尼日利亚和澳大利亚的 17 种蛇当中，有 11 种数量都急剧下降。

蛇在爬行动物中处于生物链的最上层，其数量的急剧下降可能给许多生态系统

▲ 变色蛙

《《 新种变色蛙 》》

2007 年，在泰国东北部发现了一种能够根据周围环境改变体色的山蛙新物种，当地叫做"普龙峰岩蛙"。这种山蛙是世界上最新发现的蛙类物种，只有在位于泰国东北部山区的普龙峰国家公园才能找到。它们只生活在海拔1000 ～ 1500 米的瀑布和溪流中。它可以长到8 厘米长，通体绿色，偶尔会变成棕色。

带来严重后果。

更早的研究发现，某些地区的特定蛇品种数量减少，尤其是地中海盆地更为严重。新的调查研究首次证明，热带地区的蛇也陷入了困境。

所谓"守株待兔"的捕猎者——那些一动不动等待猎物靠近的蛇——消失的数量远远多于主动出击的同类。

蛙类的状况也好不多少，在近年来乱捕滥捉、高价买卖的情况下，也日趋减少。

它们都是人类的忠实朋友，为人类做出了很大贡献，理应得到人类更多的关照和保护。有一些国家专门安设了蛙桥、蛇路。

公路封闭　让蛇通过

美国伊利诺斯州拉普沼泽区国家自然公园，最重要的资源是蛇。每年春回大地，冬眠中的青蛇、响尾蛇、北美毒蛇苏醒了，纷纷从悬崖峭壁的洞穴内爬出，结伴越过 345 号林务公路，到密西西比河岸水草丰茂的沼泽地，捕食昆虫，交配，繁殖后代；深秋，它们带着儿女，循原路回故地冬眠。同蛇一起迁徙的还有乌龟，同去同回，互不侵犯。可惜，蛇、龟往往葬身于车轮之下，弄得路面黏糊糊的，臭气熏人。近年实行公路管制，春、秋季各封闭 20 多天。从每年的 4 月 4 日～25 日和 9 月 24 日～10 月 15 日，在 3 千米长的公路两端竖立黄色路障，禁止汽车通行。每年保护了几千条蛇。

蛇要避暑　汽车让路

哈萨克斯坦首都阿拉木图以西的公路干线，是一条重要蛇路。每年酷暑之际，平地上的蛇类必然要越路迁往山地避暑。迁徙时间不确定，加上这里是过车密度很大的路段，难以定期封闭，只能由司机自觉让路。某年夏天的一个中午，蛇群铺开 20 米宽，首尾相连近一千米，浩浩荡荡穿路而去；汽车停驶 40 分钟之久，等最后一条蛇过完才上路。

当心青蛙穿过公路

青蛙有定期迁徙繁殖的习惯，有时队伍首尾相接 2 千米之长。据德国统计，约有 50% 的青蛙、80% 的癞蛤蟆在迁徙途中死于车轮之下。这是多么可怕的灾难啊！因此，政府在青蛙迁移路段竖起一个个醒目的路标，绿色三角形内画一只大青蛙，上写："当心青蛙穿过公路！"许多志愿者赶到现场救援，当起"青蛙哨兵"，在公路两旁值夜，见有青蛙过路，立即抓到桶里，然后整桶送到路的另一边去。德国还联合瑞士、荷兰的学者，年年举行"国际青蛙穿越公路铁路专题讨论会"，交流经验。

构筑青蛙地道

法国东部山区森林里的青蛙，每年春天必定要到莱茵河上游的一个人工湖繁殖，大约 10 万只青蛙在湖泽交配产卵，但穿越湖滨公路时多被碾死。早期采取限制汽车通过的办法，但运输上损失太大。1984 年政府拨款 10 万法郎，在湖滨公路"蛙道"上建设 12 条青蛙地道，公路两侧挖了防护深沟。青蛙越路时跌落深沟，无法登上公路，自然由两旁的地道通过。据说如此保护下来的青蛙，每年可以多消灭害虫 45 吨。

癞蛤蟆有了生路

瑞士春夏之交常有大群癞蛤蟆横越公路，到湿润的水泽产卵，大约三分之一以上被汽车碾成肉酱。瑞士政府对全国公路作了普查，对最重要的"蛙路"实行定期封闭，次要地段设陷阱塑料桶，每隔 30 ～ 40 米埋一桶，夜设晨收，将跌入桶中的蛤蟆送过公路。同时规定，今后新建公路必须考虑青蛙或癞蛤蟆通道，凡属"蛙路"地段者，均须埋设直径 30 ～ 50 厘米的地下管道，以便青蛙或癞蛤蟆通过。

蜥蜴纵横谈

蜥蜴在受到捕食者的袭击时，会蜕去自己的尾巴而逃之夭夭。但蜥蜴却为这种逃脱付出了巨大的代价。从近年来对蜥蜴的研究来看，蜥蜴一旦失去尾巴，它在蜥蜴群中的地位就会降下来，这实际上会威胁它日后的生存。

▲ 蜥蜴

美国俄克拉荷马州立大学的斯坦利·福克斯和玛格丽特·罗斯克通过模仿捕食者咬伤蜥蜴的方式，使其自断其尾。然后，他们仔细观察了蜥蜴断尾后其统治地位的变化，研究了蜥蜴的失尾对其在群体中的地位所产生的影响。

为了确定各个蜥蜴在群体中所处的地位，他们在实验室里先让一些尾巴完整的蜥蜴寻偶交尾。为了争夺配偶，蜥蜴之间展开了一场激烈的战斗。胜利者处于统治地位，失败者则处于从属地位。在经过第一次交锋之后，他们把胜利者的尾巴截去一部分，然后再次诱使它们进行争偶战。结果发现，失去 2/3 尾巴或失去更长尾巴的蜥蜴，表现出其统治地位的明显下降。起初处于从属地位，但尾巴完整的蜥蜴却能够恫吓起初处于统治地位，但尾巴失去 2/3 的蜥蜴。

蜥蜴的尾巴上储存着丰富的脂肪，一旦失去了尾巴，它就不得不在体内搜寻必要的物质，以便修复其受伤的身体和重新长出尾巴。因此，蜥蜴的失尾对于它赖以生存的物质也是一种严重的生理消耗。这一新的研究表明，蜥蜴失去尾巴还会降低它统治其他蜥蜴的能力，致使它失去了居住的领地，失去吃食和繁殖的机会，从而也就缩短了它的生存期。因此，蜥蜴这种自断其尾的做法是在受到攻击时，当一切防卫办法都失败后，不得已而采取的最后一招儿。

一提起蜥蜴，人们便知道它是陆地爬行类动物。一说到爬行，总觉得它们爬行得慢慢悠悠。其实，有的蜥蜴的爬行速度是很快的。速度最快的蜥蜴是鞭尾蜥。1941年在美国北卡罗来纳州麦科米克附近测量的一只身上有 6 条道的鞭尾蜥，它的爬行速度为每小时 29 千米。这也是所有陆地爬行类动物中最快的速度。

有记录的蜥蜴最长的寿命超过 54 岁，创造这一纪录的是一条雄性的蛇蜥，自1892 年到 1946 年，它一直生活在丹麦哥本哈根的动物园中。

据说，世界上最小的蜥蜴是分布于英属维尔京群岛中维尔京戈达岛上的一种极小的壁虎类蜥蜴。目前已知仅有 15 条，其中包括几条怀孕的雌性，它们是在 1964年 8 月 10 日至 16 日被发现的。3 条最大的雌性从口鼻部至排泄孔的长度为 1.7 厘米，其尾巴也差不多同样长。

在海地发现的另一种壁虎类蜥蜴，和上面谈到的蜥蜴的长度相仿。唯一见到过的一条已经成年，这是一条雌性蜥蜴，口鼻部至排泄孔的长度也只有 1.7 厘米，尾巴长度与之相当。这条蜥蜴是 1966 年 3 月 15 日在海地岛马西夫德拉霍特西部一棵树的根须间发现的。

世界上现在最大的蜥蜴是科摩多巨蜥，又叫科摩多龙。1912 年一名欧洲飞行员由于飞机失事，被迫降落在印度尼西亚的科摩多岛上。他在该岛上发现了这种巨蜥。它属爬行纲、蜥蜴目、巨蜥科，最大的有 3 米长，体重达150 千克。它的头很大，大嘴巴深裂，巨大的腭上长着很多尖锐的牙齿；舌头橙黄色，分叉；眼睛大；四肢很强壮，趾端有锐利的长爪；尾巴又粗又长。成年巨蜥的头部几乎都是黑色的，皮肤为深褐色，身体披有鳞片。它的视觉和听觉很灵敏，但嗅觉迟钝。它们大部分时间在陆地上度过，通常在山坡、有河流的岸边掘很深的洞穴并生活在里面。其食物主要是野猪、鹿、羊、猴等大型动物。此外，还吃一些雏鸟、昆虫等。它不怕海浪，常在岸边吃一些海浪冲上来的鱼、蟹。从科摩多岛运到动物园的巨蜥，平均每天要吃 6 ～ 8 千克肉。7 月是巨蜥繁殖期，成年雌巨蜥能产30 枚卵，每枚卵重约 200 克。靠自然孵化，卵发育要 240 ～ 250 天。

《《 蜥蜴 》》

蜥蜴是爬行动物，身体表面有细小鳞片，有四肢，尾巴细长，容易断。雄性的背面青绿色，有黑色直纹数条，雌性的背面呈淡褐色，两侧各有黑色直纹一条，腹面都呈淡黄色。生活在草丛中，捕食昆虫和其他小动物。通称"四脚蛇"。

经过精确测量的科摩多巨蜥体长最高纪录是 3.07 米,这是 1928 年由一位美国动物学家在比马的苏丹(印尼地名)测量到的。经过测量的这条雄性蜥蜴,1937 年曾在美国密苏里州路易斯动物园短期展出过,那时量得它的体长为 3.1 米,体重为 165.7 千克。

世界上最长的蜥蜴是产于巴布亚新几内亚的圆鼻巨蜥,经测量,这种巨蜥的体长超过 4.75 米。不过,这种巨蜥的尾巴占了体长的近 70%。

巨蜥看似笨拙,但实际行动敏捷,跑起来可以和狗比美。巨蜥性情温顺,但求偶时雄性之间的争斗却异常激烈。它们长长的尾巴和尖锐的爪和牙,是它们有力的"战斗武器"。当遇到敌害而难以逃脱时,它们同样以这些武器迎战。"战斗"时,它那大而有力的尾巴左右甩动,不但可吓跑敌害,甚至可致敌于死命。

神奇的变色动物

　　一种学名叫避役的动物又叫"变色龙"，它以体色善变而著称于世。北京动物园爬行馆曾展出过英国来的变色龙，可变出红、黄、黑、白、绿五种颜色。把它放在不同的颜色环境中，两三分钟内就可变成与环境相接近的色彩。地处热带的马达加斯加岛上，也生活着一种变色龙。当它爬到草丛中，全身立即变成青绿色；当它蜷缩在岩石下或枯木上时，体色便呈褐黑色；把它放在红色土壤上，全身就变成红色。它的身体表皮和真皮之间有无数的色素细胞，色素细胞的扩张和收缩，就可以调节颜色的变化。它一旦受到惊吓或环境色彩的刺激，会立即改变体色。科学家最新发现，若变色龙在树上碰上敌害，身子会一蹬来个"金蝉脱壳"的动作，折断树枝落地。如果它在地上爬行碰到猛兽，会立即呼气鼓胀全身，发出"嘶嘶"的嘘声，让猛兽不敢轻易接近，然后它溜之大吉。变色龙之所以改变体色，在很多情况下是为了引起同类的注意，如雄性碰到雌性嘴唇变黄色，以取得"女朋友"的欢心。有的

▲ 变色龙

变色龙已由卵生进化为胎生,一次可生30多条小变色龙,以提高后代存活率。

古巴有一种变色蜗牛,它随食物的化学成分而改变颜色。它有时像晶莹的绿翡翠,有时像瑰丽的红宝石,有时又像五彩缤纷的贝壳,就好像树上开满了五颜六色的蜗牛"花"。它还发出奎宁苦味,任何鸟兽都不伤害它。还有一种雪鞋兔,夏天呈泥土色,冬天是一身白。

> **《 变色龙 》**
>
> 变色龙是蜥蜴的一种。它善于变换皮肤的颜色以适应周围的环境,达到保护自己的目的。后来用以比喻看风转舵的投机分子。

可以毫不夸张地说,绝大多数动物都具有保护色。所谓保护色,是指动物的体色与其所生存的环境颜色一致或近似,使自身与环境背景混淆不清,从而获得更多的生存机会。

令人惊异的是,有的动物不但能与周围的生活环境颜色保持一致,而当环境一旦变化,它们也能随机应变。例如欧洲有一种雨蛙,每年在 4 ～ 5 月间开始繁殖的时候,雌蛙和雄蛙一起来到水边,如果它们站到枯枝烂叶上,体色就呈现出黄色或褐色,若是停在菖蒲、芦苇或其他绿色植物上,身体又会变成绿色。海洋中有一种鲽鱼,简直是一位技艺高超的画家,它能将自己身体的颜色变成蓝、绿、黄、橙、褐色或玫瑰红色,把五彩缤纷的海底颜色表现得淋漓尽致,惟妙惟肖。

保护色不仅对那些弱小的动物有用,就是那些强壮有力、性情凶猛的动物也十分必要。因为这些性情凶猛的动物都捕食其他动物,有了保护色便于隐蔽,容易接近捕食对象而不被发现,使它们的捕获率更高,得到的食物更有保证。例如,号称兽中之王的老虎,全身黄色,并点缀着黑色的横条纹,这种花纹与它的生活环境有着密切的联系。老虎潜伏在树林草丛里,毛色就和枯草的颜色混在一起,一条条的黑色斑纹衬托其间,看起来就像一条条的树枝和枯草的影子,因此其他动物很难发现它。非洲狮的毛色和它生活环境的颜色相似,所以不易被猎人发现,因而也起着保护作用。

最爱睡觉的鳄蜥

鳄蜥是我国特有的珍稀爬行动物。其身体可以分为头、颈、躯干、尾和四肢几个主要部分。它的头似蜥蜴，躯干为圆柱形，尾长而侧扁似鳄鱼。根据这些特征，科学家给它起了个叫"鳄蜥"的名字。鳄蜥体长36厘米左右，体色为棕色，腹面浅黄或为金红色。它喜欢生活在山区溪流间的水坑内，食物主要是蝌蚪、蛙类、蚯蚓、小鱼，以及螳螂、蟋蟀等昆虫。

鳄蜥个子不大，力气又小，行动也不灵活，捕食和抗敌的"本领"都很低微，最致命的弱点是特别爱睡觉，整夜伏在岩石或树枝上闭着眼睛寸步不离，有时白天也如此"呼呼大睡"，因此当地人又称它为"大睡蛇"。

先前，人们一直认为鳄蜥仅分布于广西金秀瑶族自治县罗香乡龙军山的几条山冲内。后来，经过科学工作者反复调查，发现除罗香外，还有贺县姑婆山林区以东的江华水山冲，昭平县北陀乡北陀村附近的观牛顶圹冲和大冲，蒙山县长平林区山冲等地都有分布。这些地区多为原始森林，有柯木、栗木、柏木、毛竹等，气候温暖湿润，年绝对最低温为2.1℃，绝对最高温为34.9℃，年平均气温为18.6℃，雨量充沛,年平均降水量约2000毫米。

▲ 鳄蜥

虽然鳄蜥"软弱可欺"，但在危机四伏的生物界里能苟延残喘地生存到今天，它自有一套"招数"。首先是"防"。鳄蜥身体表面的颜色和它所栖息的岩石、树枝、树干等的颜色极其相似，不易被发现，因此具有一定的保护作用。并且它最爱待在垂于水面上空的树枝上睡觉，一遇到惊扰即可松开四肢，自行落水，然后潜藏或逃跑，所以人们又送给它一个绰号："落水狗"。一旦被捉住了，它还会躺倒装死，这时任凭你怎样摆弄它都毫无反应，就像真的死了一样，但只要你稍微一放松，它便迅速地溜之大吉。

> **鳄蜥**
>
> 鳄蜥，也称"大睡蛇"、"雷公蜥"、"雷公蛇"。全长约 36 厘米。背面棕黑色；体侧棕黄色，有黑纹，腹面带红色及黄色，有黑斑。背部有颗粒状鳞和分散的棱鳞，尾背有两排山脊棱。栖息山涧溪边的林丛中，常伏在树枝上假睡，捕食昆虫、小鱼等。

它还有一个"绝招"，就是自残肢体以求生存。原来，鳄蜥的尾巴与蜥蜴类一样，在受到外力时可以自动断掉，因此如果被捉到的部位只是尾巴，它就利用"牺牲"一段尾巴的办法保全生命，过一些时候仍可长出新尾巴来。

除了以上说的"防"的办法外，鳄蜥唯一"攻"的手段就是用嘴咬，而且一旦咬住东西就死咬不放，尤其是雄性的鳄蜥，有时也很凶狠呢！

鳄蜥这种弱势群体，目前已经处于濒临灭绝的境地。酿成这一后果的原因有多种：

一是鳄蜥的生活环境遭到严重的破坏。近些年来，鳄蜥生活的山林多被破坏，有些甚至被烧光、砍光，山上无林木，致使山溪干涸，鳄蜥无生存的余地。

二是鳄蜥本身条件的限制。鳄蜥的繁殖习性与其他爬行动物不太相同，每年 8 月前后是它的交配期，其孕期很长，一般约为 9～11 个月，交配后第二年 6 月左右才能产子，一次可产 2～6 只。鳄蜥的性格很冷酷，母鳄蜥在饥饿时有自食其子的现象；平时大鳄蜥饿急了会互相残杀吞食，所以每年增加的数量不多。再加上鳄蜥对环境的要求过高，产区比较狭窄。

三是人们对鳄蜥的任意捕杀。近些年来，对鳄蜥的乱捕滥杀现象十分严重。有的地方为牟取暴利而滥捕鳄蜥，使鳄蜥的存活数量锐减，处于濒危的境地。

鳄蜥具有很高的学术价值。它是我国特产，对国际交流、科研、教学、动物分类、进化等理论研究都提供了第一手材料，1978 年已被列为国家一级保护动物。在医疗方面，可治失眠和小儿虚弱症等疾病。

毒蜥·毒蛙

世界之大，无奇不有。产于美国亚利桑那州和新墨西哥州，令人望而生畏的毒蜥竟常常有人饲养。尽管它不像鸟雀那样婉转啾鸣，不像金鱼那样悠闲自在，不像猫儿那样性情温顺，也不像小狗那样讨人欢心，但是有些美国人还是喜欢喂养。据说完全是为了"好玩"。在农村，农民们将毒蜥围上栅栏圈养，喂青蛙等小动物；在城市，市民们则在花园的一角，把毒蜥用矮墙围起来饲养，经常喂鸡蛋等食物。

这种蜥蜴的毒性颇为强烈，所以称之为"美国毒蜥"。美国毒蜥的下颌前部具有毒牙，牙上有沟，与毒腺相通。它的毒汁对人和动物的神经、心脏和呼吸系统的功能都有影响。人被毒蜥咬伤，如不及时治疗，对人体的健康影响较大。青蛙、老鼠、兔子等小动物被毒蜥咬住后就会丧命。当然，毒牙注射毒液需要一定的时间和适当的剂量，才能使猎物致死。因此，毒蜥咬住猎物，从不轻易松口，等猎物一死，就成为它的可口食物。

生长美国毒蜥的亚利桑那州和新墨西哥州的山上，岩石大部分都裸露在外面，有些地方覆盖着毫无生气的干草，山间一些起伏不平的乱石中，沙地上则长着一些仙人掌。身体肥壮，体长超过半米的美国毒蜥就经常出没在这些仙人掌旁。它的头略呈扁平，眼睛小得出奇，可是发现猎物或者敌害时，则顿时变得目光炯炯。它的躯干和尾巴呈圆筒状，四条腿短短的，爬行时肚皮擦着地面，显得有些迟钝。它全身青白色，间或有淡红、橙黄和黑色

▲ 毒蜥

的斑点，但很不规则。

美国毒蜥的尾巴十分奇怪，时粗时细，因时而异。这种奇异的变化，完全是适应当地的生活环境所致。原来这里气候比较干燥，全年的降雨次数远不及其他地区多。在雨季，毒蜥爱吃的食物——鸟蛋、青蛙、蛤蟆和老鼠等比较多。这时，毒蜥能吃到充足的食物，获得大量的营养，除了保证身体的正常需要外，还能把多余的营养转化成脂肪贮存到尾巴里去，随着进食的增加，尾巴变得越来越粗大，简直同整个躯体的比例极不相称。然而，如果长时间不下雨，地面越来越干燥，毒蜥的食物也少了。于是，它就只好动用"库存"，慢慢地消耗贮存在尾巴里的脂肪。粗大的尾巴变小了，天长日久，尾巴得同整个身体的比例极不协调。

美国毒蜥不仅尾巴能够变化，它的动作、脾气也能变化。平时，它在沙地或乱石中爬行时，动作缓慢。但是，当它遇到猎物或敌害时，却会在瞬息之间变得非常机敏。当人们捕捉它的时候，它预感到危险的到来，还会张牙舞爪，露出利牙，闪动舌头，同时发出"嘘嘘"声，真是面目可憎，声色俱厉。然而，美国毒蜥一旦被人捕获，情况就完全不同了。它会一反常态，变得温顺起来。美国毒蜥从来不会无缘无故伤害它的主人，这也许是美国城乡某些人喜欢喂养它的一个重要原因吧！

世界上最毒的两栖动物应该算是箭毒蛙了，也称"毒标枪蛙"或"毒箭蛙"。

箭毒蛙体型非常小，通常体长为1.5厘米，但非常显眼，颜色为黑与艳红、黄、橙、粉红、绿、蓝的结合。箭毒蛙的皮肤内有许多腺体，它分泌出的剧毒黏液，既可润滑皮肤，又能保护自己。这些黏液中包含一些影响神经系统的生物碱。箭毒蛙毒液的毒性非常强，取其一克的十万分之一即可毒死一个人；五百万分之一克，可以毒死一只老鼠；任何动物去吃它，只要舌头触到一点毒液就会中毒，以致死亡。但是，最毒的种类还要数哥伦比亚艳黄色的"金色箭毒蛙"，仅仅接触就能伤人。它的毒素能被未破的皮肤吸收，导致严重的过敏。当地人并不杀死这种蛙来提炼毒素，而只是把吹箭枪的矛头刮过蛙背，然后放走它。哥伦比亚几个部落利用各种不同的箭毒蛙来提供毒素，并涂抹吹箭枪的矛头。

箭毒蛙分布于巴西、圭亚那、智利等国的热带雨林中。

箭毒蛙是全世界最著名的蛙类，这一方面是因为它们属于世界上毒性最大的动物之列，另一方面也是因为它们拥有非常鲜艳的警戒色，是蛙中最漂亮的成员。许多箭毒蛙的表皮颜色鲜亮，通身鲜明多彩，四肢布满鳞纹，多半带有红色、黄色或黑色的斑纹，其中以柠檬黄最为耀眼和突出。举目四望，它似乎在炫耀自己的美丽，然而这些颜色在动物界常被用作向其他动物发出的警告：它们是不宜吃的。这些颜色使箭毒蛙显得非常与众不同，它们不需要躲避敌人，因为攻击者不敢接近它们。

善于飞檐走壁的壁虎

夏日的晚间，在墙壁、屋檐、天花板等处的灯光照射下，人们常可看到一种外貌酷似蜥蜴的小动物，上蹿下跳，忙碌地捕食。这种动物善于飞檐走壁，人们称它为"守宫之虎"——壁虎。

壁虎在全世界大约有700种，广泛分布于各大洲热带和温带地区。我国有壁虎20多种，除少数分布在北方，大多分布于南方各省。按其特征又分为多疣壁虎、无蹼壁虎、锯尾蜥虎、西域沙虎、裸趾虎、睑虎以及鸣声像"蛤蚧"的大壁虎等。壁虎，俗名守宫、蝎虎、天龙，也有壁宫、蝘蜓、盐蛇等别称。

壁虎的外貌奇特，头部扁，吻钝圆，舌肥厚，耳孔小，眼大无睑，四肢短小，体、尾长度相差不多。其趾膨大，底部具有褶襞皮瓣，颇似吸盘，所以在光滑的墙壁、木板上活动自如，行走敏捷。据《唐本草》载："蝘蜓……以其常在屋壁，故名守宫，亦名壁宫。"《本草纲目》也说："守宫，善捕蝇蝎，故得虎名。"

壁虎属脊椎动物爬虫类，形体奇特，身怀绝技，在仿生学里，有重要的研究价值。它的眼球大而突出，中央有孔，能使光线进入。两只旋转的眼球可以各自独立运动，左眼向前看，右眼可以向后看，也可向上看，视野很广，有利于发现猎物。它的嘴巴很大，伸缩灵活有力，喷射出来的舌头可超过它的身长。壁虎专用舌头捕食，袭击各种昆虫百发百中，真像活动在墙壁上的猛虎。它对有毒的蝎子也敢捕捉，所以又有蝎虎之称。壁虎的尾巴呈圆锥形，易断裂，但断后又能长出，与蜥蜴相同。据科学家研究，这类动物的机体内含有一种特殊的生长素，当受到敌害追捕时，常常施"弃尾

▲ 壁虎

科学揭秘动物世界 KeXueJieMiDongWuShiJie

保身"的计策而逃之夭夭。更为有趣的是，断了的尾巴还会不断跳动，以此来转移敌害的视线，所以又有避役之称。有人说，壁虎的尾巴断后会钻到人耳朵里去。其实，这是无稽之谈。壁虎的尾巴很容易断，这是事实，人们称这种现象叫自割。因为断掉的尾巴里有很多神经，尾巴离开身体后，神经并没有马上失去作用，所以还能摆动，但它没有定向活动的能力，因此是不会钻到人耳朵里去的。

壁虎常栖于壁间、檐下隐蔽的地方，夏秋之夜活动频繁，捕食蚊、蝇、飞蛾等。据说，壁虎一小时能捕食 37 次，一夜之间可捕食数十只甚至上百只小型害虫，在夏、秋两季的 100 多天里，竟能消灭害虫上万只，人们称其为"捕虫能手"，实非过誉。难怪古人有"家屋养壁虎，蚊蝇夜夜除"之说了。

> **《 多疣壁虎 》**
>
> 多疣壁虎，也称"守宫"。爬行动物，身体扁平，四肢短，趾上有吸盘，能在壁上爬行。尾易断，多能再生。吃蚊、蝇、蛾等小昆虫，对人类有益。分布于四川、贵州、甘肃、陕西、湖北、湖南、江西、浙江、江苏、安徽、福建、广西等地。

由于壁虎其貌不扬，又带有"蛇名"，所以有人认为它是有毒之物，民间还有"壁虎尿毒，入眼则瞎，入耳则聋"的传说。其实，壁虎虽有"盐蛇"的别称，但却名"蛇"非蛇，根本不会咬人使之中毒。说它的尿能致人眼瞎耳聋，也是没有科学依据的。壁虎的尾巴到底有没有毒，毒性如何，人们还没有掌握确切的证据。在爬行动物中，目前还没有把它列入有毒动物。过去，动物专家们曾不止一次地看到墙壁上落下来的壁虎，被猫捕食，但并没有发现猫产生任何中毒症状。因此，壁虎身体上某一个器官或分泌物，即使有毒，估计毒性也不会太强。

不过，壁虎从吞食害虫这一点来说，对人确实是有益的，应该保护它，不要任意杀害它。

壁虎除捕食害虫外，还可作药治病。如用壁虎焙干研末，用乳汁调匀，可治新生儿破伤风；用米醋调匀涂患处，可治各种疮疖；还可制成守宫丹、守宫膏、壁虎丸、蝎虎丹、祛风散等中成药，分别可治癫痫、子宫瘤、小儿疳积、类风湿关节炎等病。特别是治疗消化道癌症，有一定的疗效，已经引起医学界的广泛重视。

"活恐龙"——扬子鳄

扬子鳄，又叫中华鼍。安徽俗称"土龙"，浙江叫它"水壁虎"，江苏又叫它"乌龟胆"。"扬子鳄"这个名字是外国人定的。18世纪时，一个法国人在中国发现这一生活在长江淡水里、与热带咸水鳄鱼有明显区别的种类，把它带到国外，国际学术界就给它起了现在这个名字。

因为扬子鳄的外形有点像龙，俗名又沾上了个"龙"字，所以在我国历史上早就身价百倍。传说在2000多年前，越王勾践复国曾祭祀鳄鱼，希望得到它的庇护。扬子鳄的另一个名字为"鼍"，从字形上看，"鼍"字具有显著的中国象形文字的特点。见了这个字，很容易使人想到全身披着鳞甲，长着一条尾巴的动物。可见，鳄鱼在我国具有久远的历史。扬子鳄的头特别硬，尾巴灵活有力，利于自卫和进攻敌害。其体长约2米，体重一般为15～25千克，寿命达50～60年。它是世界上幸存鳄鱼中体型最小、性情最温驯、行动最迟钝、体笨且懒惰的一种淡水鳄鱼，仅分布在我国的安徽省宣城地区和浙江省、江苏省等少数地方。扬子鳄生于中生代，至今已有2.3亿多年的历史，是世界稀有动物，有活化石之称。由于它的体形、构造和

▲ 扬子鳄

科学揭秘动物世界 KeXueJieMiDongWuShiJie

古代恐龙接近，因此又有恐龙的活化石之称。在 1958 年，扬子鳄被列为国家一级保护动物。它是我国的稀世国宝。

扬子鳄的生活很有趣，它喜欢居住在河滩、湖泊、沼泽及丘陵山涧的滩地。这些地方长满了芦苇或翠竹，既便于隐蔽，又便于捕捉食物。扬子鳄是穴居动物，并各有各的"家"，除发生意外，一般都比较固定。它们很聪明，擅长造窝。扬子鳄的窝都选择在土质疏松的地方，先用前爪掘开较硬的表层土壤，厚约 30 厘米左右，

《 拯救扬子鳄 》

1983 年国家拨款建立了"中国鳄鱼湖"。科研人员经过几年的努力，人工繁殖扬子鳄的各种技术终于研究成功，每年可繁殖出几百条幼鳄，使珍稀动物扬子鳄摆脱了濒危的境地。

再用尾巴把土圈围到旁边，然后用头使劲地钻进去、退出来，再钻进去、退出来，这样不断地钻进退出，终于造成了一个"理想的家"。扬子鳄的巢穴好比一个神奇的迷宫，构造不仅巧妙奇特，而且还很科学合理。穴是设在芦滩地隆起的小丘上，这样可以免遭水的浸渍，也适于产卵和育雏。穴有几个进出洞口，开在水塘或河沟的垂直岸上。此外还开有与地表垂直的气口，穴的底部平坦，设有临时休息室和供冬眠的卧室。再向下开一条岔道通达水潭，潭内贮满了水，这是扬子鳄的"地下水库"，即使遇到大旱之年也不会干涸。

扬子鳄属于爬行动物，卵生。雌鳄的生殖能力很强，每次可产二三十个蛋。产的卵埋在沙土中，靠天然的温度孵化。为了保护下一代，母鳄在孵化期内几乎不吃食物，昼夜守卫在巢旁。倘若有别的动物到附近活动，母鳄会立即发起进攻。雄鳄是个甩手当家的，只负责传宗接代，其他的事一概不管。幼鳄出世不久，就在母鳄的带领下到水中嬉游、觅食。母鳄游到哪里，幼鳄也跟随到哪里。幼鳄经过锻炼，具有独立生活能力了，母鳄才放心地与子女分开，让它们独立生活。

扬子鳄是变温动物，因此每年冬季都要进行冬眠。它冬眠的地方离地面深度大约有 2 米，离洞口长达几十米，而且中间还要转几个弯，因此外界的冷空气进不来。这样，它所居住的地方的温度可保持在 10℃左右，接近于恒温状态。当扬子鳄进入深度冬眠状态时，不仅双目紧闭，而且看不到它有任何呼吸征兆，即使凭借兽用听诊器也听不到呼吸声和心跳声，完全处于昏迷状态。冬眠期间，扬子鳄内分泌腺组织结构有变形收缩现象，机能大为下降，同时体内还产生一种被称为"冬眠素"的复杂物质，其中包括对睡眠起重要作用的五羟色胺，能使代谢迅速减缓，能量消耗急剧下降，这就大大增强了它忍饥挨饿的能力。

扬子鳄以鱼、龟鳖、虾、蚌、鼠、鸭、小鸟、青蛙等小动物为食。每当人们看到扬子鳄狼吞虎咽地吞食鸭子、河蚌等小动物时，也许有人会问：它如何消化这些食物呢？扬子鳄的牙齿是多换性同型齿，吃食只能撕碎吞食，没有咀嚼、切断食物

的能力，而扬子鳄胃部的消化功能又很弱，那么食物又是怎样磨碎的呢？原来，在鳄鱼的胃里有许多石块，扬子鳄正是靠这些石块来帮助磨碎食物的。这和小鸡吞食碎石、沙粒具有异曲同工之妙。不过，扬子鳄吞食石块还有增加体重、提高潜水能力的作用。凡是胃里存有石块的扬子鳄，其潜水能力大大超过胃里没有大石块的同类。换句话说，扬子鳄吞食石块具有双重意义。扬子鳄与热带鳄不一样，是驯良的，至今还没有听说过它伤人的事，而有关同人和睦相处的故事倒不少。

　　鳄类是现存的、最古老的爬行动物，扬子鳄又是鳄类中的"兄长"，有 2.3 亿多年的历史。人们知道恐龙是远古时代的动物，其实鳄与恐龙曾共同生活过一亿多年呢！学术界认为，自从 35 亿年前，地球上出现最初的生命以来，到现在已有 90% 灭绝了，而鳄鱼却能奇迹般地幸存至今，这就为揭开大自然之谜提供了科研的材料，故有"活化石"之称。

鳄鱼的眼泪

公元 819 年 3 月 25 日韩愈抵达潮州，做了刺史。他问民疾苦，得知鳄鱼是当地人民的一大祸害，于是在 4 月 24 日写了著名的《祭鳄鱼文》，勒令鳄鱼限期迁归大海。

180 年后，陈尧佐到潮州做了通判。他十分崇拜韩愈，便为韩愈建庙，将韩愈祭走鳄鱼的故事写成文字，画了壁画，刻在庙堂上。可是在第二年的夏天，一个年仅 16 岁的少年在溪中洗涤衣裳时，却被鳄鱼用尾巴卷走。陈尧佐十分悲愤，当即命县令李公诏、郡吏杨勖带人驾小舟操巨网去捕捉鳄鱼，并且说："苟不能致，予当请于帝，躬与鳄鱼决。"如果他们不能捕捉的话，他将向皇帝请命，亲自去和鳄鱼决斗，可见其决心之大了。县令和郡吏在他的鼓舞下带了 100 名勇士，和鳄鱼搏斗，终于使鳄鱼落了网。100 名勇士把网拉起，将鳄鱼抓住，封住它的嘴，捆住它的脚，用大船运回潮州。陈尧佐当即写了《戮鳄鱼文》，隆重地举行戮鳄鱼的仪式。他令人把鳄鱼抬到街市中，击鼓召众，宣布了鳄鱼的罪状，当众把鳄鱼杀死后，送入鼎里烹。这在当时真是一件大快人心的壮举。《戮鳄鱼文》最后辞曰："矫口巨尾迎而搏兮，获而献之观者乐兮，鸣鼓召众聱而斫兮，而今而后津其廓兮。"

鳄鱼是陆地上最大的动物之一，除了特大的蛇以外，再没有别的动物能和它相比了。马尔加什的马岛鳄，竟有 10 米长！

最长寿的鳄鱼可活到 300 岁左右。只有巨大的海龟才能和鳄鱼在寿命上进行"竞争"。

鳄鱼的吼声有如雷鸣一般。当然，不是所有的鳄鱼都如此。有的专家认为在动物中，鳄鱼吼声的响亮程度居首位，居第二位的是河马，狮子只能退居第三位。鳄鱼属爬行动物类，其他的爬行动物都无声带，独有鳄鱼例外。

力大无穷的鳄鱼一旦被人握住了嘴巴，就像蛇被人握住了头颈，要想挣

▲ 鳄鱼

鳄

鳄，爬行动物，大的身体长达 3 ~ 6 米，四肢短，尾巴长，全身有灰褐色的硬皮。善于游泳，性凶恶，捕食鱼、蛙和鸟类，有的也吃人、畜。多产在热带和亚热带，其中扬子鳄是我国特产。俗称"鳄鱼"。

脱开，却没有劲了。南美就有一些猎人敢于赤手空拳地和鳄鱼进行搏斗。

西方有句话叫"鳄鱼的眼泪"，意思是假慈悲。为什么会有假慈悲的含意呢？原来鳄鱼在吞食较大动物时，便会从眼睛里慢慢地流出水一样的液体来，看起来好像在流同情之泪。其实鳄鱼是没有泪腺的。

我们知道，浩渺的大海，是鱼儿的王国。但是，每一升海水的含盐量多达 35 克。换句话说，鱼儿是生活在盐的世界里。许多海洋生物的身上，都有一种提取盐分的器官，鱼鳃里的特殊细胞专门收集血液里的盐分，并把这些盐分排除。大海里的龟、蛇和蜥蜴（又叫四脚蛇）等，盐腺的排泄管口在眼角，它的分泌物从眼睛里流出来。经常与大海打交道的海鸟和一些冷血动物，也都有提取盐分的盐腺。鸟儿的盐腺在眼窝的上缘，它的排泄管道通向鼻腔。

其实，鳄鱼的流泪并非表示"悲痛"，而是一种必需的生理排泄。倘若你有机会把鳄鱼的泪水放在嘴里尝一尝，就会感到其味道苦咸。这泪水正是鳄鱼排出的多余的盐溶液。

近年来，科学工作者在对海洋生物的考察研究中发现，有些动物的肾脏是不完善的，只靠肾脏不能排出体内多余的盐类。这些动物就形成了帮助肾脏进行工作的特殊腺体。鳄鱼就属于这类动物。它排泄溶液的腺体正好在眼睛附近，所以当它吞食"牺牲品"时，由于嘴巴张合牵动腺体而排泄盐溶液，竟被误认为"假悲伤"了。

我们知道，海水含盐量很大，不能喝，越喝越渴。海洋里的动物也是一样，需要喝淡水。对于肾脏不完善的鳄鱼、海龟等来说，排盐腺体就是天然的"海水淡化器"。

这种"淡化器"的构造很简单：当中一根管子向周围辐射出许多细管，状如洗瓶刷子。这些细管又同许多血管交织在一起，它们可以把血液中过剩的盐分离析出，再经过当中那根管子排泄到体外去。于是动物得到的就是淡水了。

动物的这种"淡化器"对人类是很有启示的。

我们在海洋上远航，船舰上须装有淡水，装少了不够用，装多了负荷大。最好是装上海水淡化设备，这样就可以少装或不装淡水了。但是，目前舰船上使用的淡化设备结构复杂、体积大、费用高、效率低。更何况海上遇难者既不可能随身携带淡水，也不可能背上目前这种笨重异常的海水淡化设备。

因此，出远海的人总是对淡水有一点担心。如果我们的科学工作者能够对上述动物那种体积小、重量轻、效率高的海水淡化器加以深入地研究，模拟出一种轻便的淡化设备，这对海洋远航者来说便是最大的福音了。

希望鳄鱼也能为人类造福

鳄鱼的凶残是出了名的。然而，自然界之大无奇不有。西非的上沃尔特共和国有个叫萨布的村庄，村旁有个方圆 10 多千米的湖泊，湖中栖息着几百条鳄鱼。这里的鳄鱼虽是野生的，却与当地村民世世代代和睦相处。村民们只要将一只拔掉毛的鸡用长绳拴上，抛进湖中，湖中的鳄鱼就会在鸡的诱惑下，随着绳子的收拢游到岸边，爬上岸来。它们有时还像动物园内的白熊那样用后部支撑，前半身直立起来，一对前脚缓缓扇动，伸着脖子，张开大嘴；有时像温驯的绵羊，偎依在人的脚旁，特意眨眨它那小小的圆眼睛。游人可以任意抚摸它的四肢，或抬起它那沉甸甸的大尾巴，甚至骑在它背上留影，它都能友好地合作。

据说，每到旱季，湖水近于干涸，成群的鳄鱼"携儿带女"伏卧岸边晒太阳，一动也不动，任凭小孩子们在它旁边玩耍，绝不会有残忍的"暴力行动"。

据 2005 年 8 月 16 日路透社报道，科学家正在澳大利亚北部热带地区从鳄鱼身

▲ 鳄鱼

上采集血液，希望能研制出一种用于人体的有效抗生素。此前的实验显示，这种爬行动物的免疫系统能够杀死艾滋病病毒。

鳄鱼经常会发生野蛮的领地争斗，并因此遍体鳞伤，甚至肢体不全。它们的免疫系统比人类的免疫系统要强大得多，使它们免受致命的感染。一直在北部地区采集鳄鱼血样的美国科学家马克·麦钱特说："它们互相撕裂肢体，尽管生活在充满细菌的环境中，它们却能够迅速地愈合伤口，几乎不会受到感染。"

澳大利亚科学家亚当·布里顿说，对鳄鱼免疫系统的研究始于1998年，研究发现，在这种爬行动物的血液中，存在几种蛋白质（抗体）能够杀死对青霉素具有抗体的病毒，如葡萄状球菌或金色葡萄球菌。

科学揭秘动物世界 KeXueJieMiDongWuShiJie

最大的爬行类动物

世界上最大的爬行类动物是湾鳄，或称"咸水鳄"，它们分布于东南亚、马来群岛、印度尼西亚、澳大利亚北部、巴布亚新几内亚、越南和菲律宾。成年雄性平均体长 4.27 ~ 4.87 米，体重 408.6 ~ 522.1 千克。

72

布里顿在达尔文的鳄鱼公园（一个观光园林，同时也是一家研究中心）说："如果你往装有艾滋病病毒的试管中加入鳄鱼的血清，产生的效果将比加入人类血清强烈得多。它能杀死更多的艾滋病病毒。"布里顿说，鳄鱼免疫系统的动作方式不同于人类的免疫系统，它能够在身体刚刚出现感染的时候就立即攻击细菌。他说："鳄鱼的免疫系统能够和病毒连在一起，将病毒扯开，然后病毒就碎裂了。"

过去10年中，布里顿和麦钱特一直在采集野生和人工养殖的咸水和淡水鳄鱼的血液。其方法是：捉住了一只鳄鱼并捆住它头部有力的颚，然后从它的头部后方的大静脉抽取血液。

布里顿说："这个部位叫做窦，就在头的后方，很简单，只要在它颈后部扎上一针，然后敲打窦，就很容易地得到大量的血液。"

麦钱特说："我们也许会获得口服的抗生素，可能还有涂抹在局部创口上的抗生素，比如糖尿病导致的溃疡，烧伤病人皮肤也有可能感染，还有类似的一些情况。"

从韩愈下令驱逐鳄鱼谈起

　　潮州是广东的古名城，至今还保存着许多唐宋遗迹。在这些名胜古迹中，有不少地方是和唐代散文家韩愈的名字联系在一起的。城外那条浩浩荡荡的大江叫韩江，在城内有纪念韩愈的大街叫昌黎路，城北韩江北堤有个渡口叫鳄，相传就是韩愈当年在那里祭鳄鱼而得名的。韩愈因谏迎佛骨，被贬到潮州，在这里只做了 8 个月的刺史。那么韩愈在潮州历史上为什么会有这样大的威望呢？从韩愈庙中的许多碑记可以看出，主要是因为两桩事：办教育，祭鳄鱼。

　　古时候，鳄鱼常在韩江北堤渡口出没，因为江中鳄鱼伤人，那时候这条江的名字叫恶溪。"恶溪瘴毒聚，雷电常汹汹；鳄鱼大于船，牙眼怖杀侬。"韩愈在《泷吏诗》中通过泷头吏的口，这样描绘了恶溪鳄鱼。从前人们怕鳄如畏鬼神，见而避之。然而，鳄鱼却更加猖獗了。韩愈在唐元和十四年（819 年）3 月 25 日抵潮州，他问民疾苦，得知鳄鱼是当地人民的一大祸害之后，就在 4 月 24 日到这里来祭鳄鱼，勒

▲ 鳄鱼

令鳄鱼限期迁归大海。著名的《祭鳄鱼文》也就是在这个时候写的。

韩愈在这篇声讨鳄鱼的檄文中，发扬了他在《谏迎佛骨表》中那种不怕佛的战斗精神，把鳄鱼形容为一切祸害人民的坏事物的象征。他对面目狰狞的鳄鱼没有丝毫畏惧之心，在韩愈看来，鳄鱼不过是"丑类"，他宣布了鳄鱼的罪状，认为"为民物害者，皆可杀！"破除人们对于鳄鱼的迷信和恐惧的心理，表达了和鳄鱼势不两立，坚决斗争到底，为民除害的决心。

据说，在韩愈下令驱逐鳄鱼的当天晚上，"暴风震雷起湫水中，数日水尽涸，西徙六十里。自是潮无鳄鱼。"这当然是后人因景仰韩愈的斗争精神而流传开来的神话故事。究竟鳄鱼是否从那时起被逐出恶溪，现在已无法查考。

最长寿的鳄鱼

权威的鳄鱼长寿纪录是 66 年，创造这一纪录的是一条雌性美洲钝吻鳄。这条鳄鱼 1914 年 6 月 5 日进入澳大利亚南部的阿德莱德动物园时只有 2 岁，1978 年 9 月 26 日死于该园，时年 66 岁。

神话传说不足信，但我国南方沿海在古代确曾有鳄鱼分布，而今已绝迹，却是事实。前些年，广东顺源县农民在修水渠时，挖出了两具尚未石化的鳄鱼骨，经鉴定属湾鳄，从而证实鳄鱼在我国历史上确实存在过。我国现在的唯一鳄类，是生活在长江流域的扬子鳄，不过它属于淡水鳄。

现代的鳄鱼，其远祖生活在中生代，是恐龙的近亲。一亿多年以来，鳄鱼变化不大，很有"祖风"，因此它成了研究古代恐龙某些方面的好材料。现在世界上的鳄鱼有 25 种，除两种生活在淡水环境以外，其余都生活在沿海的海湾、河口一带。常见的鳄有两种：一种是"西鳄"，分布很广，在南美、中美都有；另一种是"湾鳄"，多分布在东南亚，在东南亚、马来群岛、印度尼西亚、越南和菲律宾均有布分。成年雄性平均体长 4.27～4.87 米，体重为 408.6～522.1 千克。

目前，在印度东部奥里萨省比塔卡尼卡野生动物保护区内有 4 条湾鳄。这 4 条湾鳄体长均超过 6 米，最大的一条体长超过 7 米。

圈养的最大的鳄鱼是一条名叫"亚"的湾鳄，是与暹罗鳄杂交的后代，生活在泰国萨姆普莱卡鳄鱼养殖场。这条鳄鱼的体长为 6 米，体重 1118 千克。

最小的鳄鱼生活在西非刚果河上游地区的奥氏倭鳄，体长一般不超过 1.2 米。

鳄鱼性情凶暴，常常一动不动地伏在海湾石丛中间，待小动物走近时，突然发动袭击，将其咬住。有时鳄鱼也会主动攻击乘坐在小船上的人。它尾巴不仅是游泳工具，也是有力的武器，其奋力一击，常能把人击倒，成为它的牺牲品。

一位美国青年在佛罗里达州的一个湖里潜泳时，忽然觉得左臂被某种动物咬住，痛彻骨髓。定睛一看，原来是遭到一条两米多长的鳄鱼的攻击，他牺牲了左臂换得了生命。在美国东南部，鳄鱼伤人是常事。农田水渠中、高尔夫球场内、飞机跑道上，甚至于住宅庭院里，常常会发现鳄鱼的踪迹。据估计，佛罗里达州鳄鱼数目已达该州人口数的 1/10。佛罗里达州的鳄鱼曾被大量捕杀，1966 年时，只剩下 10 万条。保护野生动物联合会认为短鼻鳄鱼已受到危害，于是州议会制定法律禁止猎杀。不久前佛罗里达州已在考虑重开"杀戒"，因为受危害的已不是鳄鱼，而是人了。

鳄鱼有一个共同的弱点，它的启颌肌很弱，猎鳄鱼者常利用这个弱点先揿住它的嘴巴，使那满布獠牙的嘴不能张开咬人，然后设法把它擒获。

和海洋哺乳动物一样，鳄鱼也是潜水能手，有时甚至能潜伏水底数小时而不致死。挪威有位科学工作者对鳄类的这个秘密进行了研究，认为它所以能长时间潜水，是因为它能精确地调节储存在血液中氧气的消耗。每当潜伏水下时，其心跳每分钟只有 2 ～ 3 次，血流量大大减少，此时其他器官的氧供应几乎中断，只保证脑的供应。

鳄鱼肉可食，皮可制革，颇珍贵。近年来由于盗捕，某些地区的鳄类数目锐减，因此人工养殖鳄鱼便悄然兴起。

鳄鱼养殖场见闻

据生物学家研究，鳄鱼大约与恐龙同年代或稍晚些时期出现，迄今已有一亿年的历史。到了近代，由于人类大量捕杀，使野生鳄鱼濒临灭绝的境地。近几十年来，盛产鳄鱼的泰国境内已很少发现野生鳄鱼的踪迹。一些经营鳄鱼的商人于是着手进行人工饲养。北览鳄鱼湖就是人工饲养场之一。

北览鳄鱼湖地处热带，又是湄南河的出海口，是海水和河水交汇之处，适宜鳄鱼的生长；渔产丰富的北榄渔港为鳄鱼生长提供了充足的饲料。这里是人工养殖鳄鱼的天然场所。北览鳄鱼湖占地约 32 万平方米，场内分池饲养着泰国及世界各地的数十种鳄鱼，总共有几万条，是一个规模巨大的鳄鱼养殖场。

在养殖场的入口处，一座台阶通向一个木制的阁楼，登上去一望，却是一条弯弯曲曲的长廊式的天桥，贯穿整个养殖场。天桥的两边有一米多高的栏杆。凭栏俯视，距离脚下两米处到处都是鳄鱼，有的 2～3 米长，有的 6～7 米长。在树荫下，或者是湖水边，一条条鳄鱼在纳凉休息。在池塘里，这些庞然大物在自由戏水，卷起层层波澜。每当养鳄工人把大块大块的鱼肉或鲜鱼投在湖水里时，刹那间，成群的鳄鱼冲水而出，水花四溅。它们昂着头，张着三角形的巨口，上下两排锯齿般的牙齿一直延伸到脖根的嘴角边。它们互相追逐，争夺着从天桥上投下的食物。两三斤重的鱼肉转眼间就被吞进肚里，然后缓缓地潜游而去。

有时候，会听到不远处的一个池塘中吼声大作。只见两条巨鳄在进行你死我活的大厮杀，而另一条巨鳄却在一旁"坐山观虎斗"。交战双方起初势均力敌。它们以牙还牙，你咬我的头，我咬你的嘴。一会儿又调转过头去，互相以钢鞭似的尾巴击打。经过一番激烈而又残酷的较量，失败者落荒而逃；而胜利的一方昂着头，同一旁观战的鳄鱼一起游走了。原来，这里是一个专供繁殖的种鳄池，刚才是两条雄鳄鱼为争一条雌鳄鱼而进行的争夺战。

沿着养鳄场的围墙，有一排隔开的没有房顶的小房间，很像海滨浴场的"更衣室"。每个小房间都有活门通向湖边的石滩。在每个小房间里都有一个馒头形的杂草堆。原来这是专为鳄鱼修筑的"产房"。

鳄鱼是卵生动物。它的寿命虽不及龟那样长久，一般也能活七八十岁。雌鳄长到 12 岁时才成熟，定期排出经水。到 40 岁左右时就停经，以后也就不再生育。雄鳄的成熟期同雌鳄差不多。在泰国，成熟的雌鳄和雄鳄在每年的 1 月至 3 月间交尾一次。4月至6月，雨季来临时，湖里的雌鳄就陆续爬进这个小房间掘土产蛋。刚刚成熟的雌鳄所产的卵大若鸭蛋，每次可产20～30枚。壮年的雌鳄每次可产卵30～40枚，犹如鹅蛋。野生的雌鳄在产卵前，会选择一个近水的地方筑巢，并将干树叶或干稻草、芦苇等物铺在巢内备用。产蛋以后，雌鳄便把蛋藏在事先准备好的干草层的中央，自身伏在上面孵蛋，连续孵化60多天。这期间雌鳄极其凶恶，若其他动物靠近时，必遭猛烈袭击。为保护后代，母鳄死死守住鳄鱼蛋。孵期届满，能听到蛋内有咯咯的响声，这时，母鳄便扒开干草，幼鳄即破壳而出。幼鳄由母鳄保护，依附在母鳄背上外出觅食。小鳄鱼生长很快，半年之后就身长60厘米左右，它便离开母鳄而独自生活。在养殖场内，专有几个水泥池饲养着一米以内的小鳄鱼。

现在世界上养殖鳄鱼最著名的地方是世界鳄鱼之都——巴布亚新几内亚。

巴布亚新几内亚是大洋洲上一个独立的国家。那里气候湿润，多沼泽地带，非常适合鳄鱼的生长繁殖。巴布亚新几内亚的鳄鱼养殖业极为发达，因此享有"世界鳄鱼之都"的盛名。

过去，巴布亚新几内亚居民捕捉鳄鱼只是作为食物，并不了解鳄鱼皮具有珍贵的经济价值。巴布亚新几内亚独立后，政府采取一系列措施，保护鳄鱼养殖业的发展。联合国发展计划署还拨专款，用以帮助训

▲ 鳄鱼养殖场

练饲养人员，开辟鳄鱼场和改善营销业务等。在20世纪70年代，巴布亚新几内亚的鳄鱼养殖业得以迅速发展。目前，全国有几百个大、中、小型鳄鱼养殖场，饲养鳄鱼几万条。另外，猎人还可以从沼泽地区捕获大量鳄鱼，每年输出鳄鱼皮的数量达5万张。这些鳄鱼皮大部分销往新加坡、美国、法国、意大利和印度等国。

该国政府为了保护国家权益，制定了法律，规定严禁外国人到这里猎捕鳄鱼；禁止输出腹部宽度超过50厘米的鳄鱼皮，以便把长度2.4米以上的大鳄鱼保留下来，繁殖小鳄鱼。此外，还建立了相应的科研机构，为科学养鳄提供了条件。

鳄鱼的神秘生活

　　鳄鱼是地球上最古老的生物之一。两亿年前，它已经是这个星球上的"居民"了。然而在今天，它却面临灭绝的厄运。许多自然科学家列举了一些悲剧性的事实。比如，在尼日利亚的一片沼泽地带，如果天气干旱引起干涸的话，那么栖息在那里的鳄鱼将成批地死亡，3 年后会全部消失。特别严重的是，目前用鳄鱼皮制成的手提包和饰物价格越来越昂贵，许多鳄鱼被偷猎者捕杀，使鳄鱼的数量骤减。为了保护灭绝中的生物，许多自然科学家发出呼吁，并提出了许多保护性的措施。

　　鳄鱼这种两亿年前就出现的动物，随着时间的推移，已产生了巨大的变化。它们像恐龙一样，曾经在中生代有过辉煌的时刻。大约在 6500 万年以前的中生代后期，由于种种自然原因，大量动物灭绝，但鳄鱼却奇迹般地存活下来。安东尼·波利和卡尔·冈斯是两位研究鳄鱼的专家。他们在尼罗河畔考察了整整 4 个月，对生活在尼罗河的非洲鳄鱼作了出色的研究。根据一些猎手、传教士或博物学家的零星报道，人们只能把尼罗河的鳄鱼描写成一种笨拙迟钝的和患嗜眠症的动物。它们的大部分

▲ 中华短吻鳄

时间都用于在太阳底下取暖。每隔一段时间，它们苏醒过来，在水边捕食动物。而事实并非如此，它们像其他爬行动物一样，靠缓慢的代谢来节省能量。而尼罗河的鳄鱼还能把在太阳底下暴晒时所增加的体温储存起来。这种太阳能的直接利用可以使这种鳄鱼在食物稀少时（不管在什么时候，30%的鳄鱼的胃是空的）继续生存。到了食物充足的季节，鳄鱼马上补充能量，同时还为它们的生长和繁殖储存必需的能量。尼罗河的鳄鱼应该说是一种令人生畏的动物，它的身长一般可达 4 ～ 5 米，大者可达 8 米，体重达 500 千克，胃口很大。安东尼·波利从 1957 年就从事鳄鱼的研究。20 世纪 60 年代中期，他建立了一个鳄鱼饲养站，除放养分布于尼罗河上游的非洲鳄以外，还放养其他种非洲鳄。在他进行研究之前，手头只有一些有关 3 岁以下鳄鱼的实验资料。由于鳄鱼的寿命在 25 ～ 50 岁，所以这种有限的资料如同人们以对婴儿的实验来研究成年人的生理一样困难。

> **《 最稀有的鳄鱼 》**
>
> 正在受到保护的中华短吻鳄，分布于中国长江下游地区的安徽、浙江、江苏诸省，其总数量估计为 700 ～ 1000 条。

经过仔细研究，他们发现鳄鱼的心脏与人类的心脏很接近，它的大脑肯定比所有爬行动物都复杂。依靠这些器官，鳄鱼完全能测定出猎物的位置，并主动地捕捉猎物。这项研究推翻了鳄鱼是无动于衷地等待猎物的"狩猎者"的论点。出于生活的需要，年幼的鳄鱼主要吃些小动物，如昆虫、蜗牛、青蛙和小鱼等。它们在捕获猎物后，竟会像猫逮住老鼠一样，先玩耍一阵，然后再把它吞下去。成年鳄能够捕食一些大动物，它们经常捕获的是羚羊，有时还能抓住并淹死同它们一般重的水牛。为了追捕猎物，鳄鱼能到陆地上奔走。通常，它们由水下游向目标，途中偶然一两次露出水面，以准确测定猎物的位置。当它露出水面捕捉猎物时，挥动粗壮的尾巴用力拍击，两只后脚间或触及水底以获得向前跃进的冲力。鳄鱼还具有互助的技巧，最常见的是多只鳄鱼一起把较大的猎物撕成小块，以便于吞食。为了扯碎猎物，鳄鱼通常是咬住猎物的某一块，然后不停地原地翻滚，直到绞断脱落为止。当然，猎物不能太小，否则猎物会跟着鳄鱼一起翻转，这就不能撕下来。当撕不下来时，鳄鱼就把猎物拖到一个同伴那儿，让同伴帮它咬住一头，它自己咬住另一头，然后翻滚身子，或者两只鳄鱼同时朝着不同方向翻滚。最后两只鳄鱼各吃自己撕下的那一块，而绝不向对方表示敌意。年幼的鳄鱼也会共同合作捕鱼。春天来临时，它们在河里排列成半圆形，然后认真地捕捉所有路过的鱼。波利和冈斯说："在捕捉时它们都坚守岗位，从不争执。"鳄鱼还能共同开挖隧道，既可用来躲避，冬天还可借此取暖。

鳄鱼过群居生活。到了交配期，雄性鳄鱼之间为争当首领，要进行一场争斗。通常总是最大的雄鳄鱼获胜。

鳄鱼在水中交配后，雌鳄会到年年都去下蛋的窝产卵，一窝卵有16～80枚。幼鳄在出壳之前会发出一阵尖叫声，母鳄即使在20米之外也会听到叫声，便马上奔过去，把蛋掘出来。幼鳄一旦出壳，母鳄马上把它们叼到嘴里，小心地把它们放在两排牙床中间，母鳄把它的舌头放平，使整个口底组成一只育儿袋。然后这些幼鳄被放到水里，它们不停地发出叫声。父鳄听到幼鳄的叫声后，便游向母鳄，用庄严的声音向它表示致敬。

有时候，幼鳄不能破壳而出，雄鳄便要充当助产士的角色。它先把蛋叼到嘴里，然后让蛋在舌和腭之间由前到后地滚动，直到蛋壳破碎为止。要知道，成年鳄和幼鳄之间的重量要相差4000倍，而雄鳄用这副能压碎水牛股骨的颌，能叼着蛋而不伤害里面的幼鳄，充分说明这种表面笨拙迟钝的动物隐藏着一种高度的灵敏和肌肉控制的准确性。

蟒蛇能吞人吗

人们对蛇往往怀有本能的厌恶和畏惧；至于蟒蛇，则更以为它神通广大，可以把人整个地吞下肚去。

大蛇究竟是否攻击人？能否吞下人呢？其实蛇的长度的最高纪录不过 10 米左右。蛇头也并不很硬，至少不如人的头硬，它是不会把人或其他动物打得丧失知觉的。蛇也不愿意用头来进行搏斗。此外，蛇的攻击也不像传说的那样疾如闪电。体重为 125千克的蛇，攻击猎物的力量不会超过体重 20 千克的狗。

蛇向猎物进攻时，不是靠头部打击，而是用嘴咬猎物，只有当嘴紧紧咬住受害者以后，蛇才开始将身子缠上去。因此，如果与大蛇遭遇时，必须牢记抓住它的后颈部，这样蛇就没法咬你了。

即使蛇用嘴咬住受害者并在身上缠上几圈，也并不意味着受害者一定会"粉身碎骨"。

巨蛇缠死猪狗时，并不是把它们的骨骼弄碎，而是使其窒息。它缠紧受害者的胸骨，使其不能进行呼吸。持续的挤压有可能会使心脏停搏。科学家研究过被巨蛇弄死但尚未吞下的 3 只猪、3 只家兔和 3 只老鼠，发现这些受害者身上没有一根骨头是断的。

蟒蛇通常不喜欢吃大的活食。据报道，7 米长的极其贪食的蟒蛇，经过一小时的紧张努力，还是未能吞下 34 千克重的小羊。总之，还没有任何一位专家可以证实，巨蛇能吞下重量大于 60 千克的活物。由此看来，蟒蛇不可能把人弄死，更谈不上吞食人了。

不过，蛇的进食活动是别具一格的：凡是被捕获的动物总是整个儿地被生吞下

▲ 蟒蛇

《使猎物瘫痪后再吞入》

有的蛇还会使捕获物在吞食前就瘫痪下来。如美国东南部的黄唇蛇在捕捉到蛙类后，并不急于吞食，而是把蛙衔在口中，直至少量唾液从牙咬的伤口进入蛙的体内，蛙开始瘫痪后，方才吞入腹中。

去。蛇的身躯细长，"嘴巴"又不大，也许被它吞食的只不过是一些小动物吧！其实不然。蛇不仅能吞食比它的头稍大的食物，甚至还能吞食比它的头大好几倍的食物。例如，新疆的沙蟒能吞食五趾跳鼠，南方的蟒蛇能吞食小羊，蛇岛的蝮蛇则能吞食比它的头部周径大十来倍的海燕。

奥秘究竟在哪里呢？原来，蛇的下颌骨和头骨的关节非常松弛，下颌的左右两半也和其他动物截然不同，它们不是紧密相连，而是靠韧带很松弛地连接着。正因为如此，所以蛇的口可以在垂直方向上张得很开，并且下颌的两半既能同时向两侧扩展，又能独自或交替地向一侧扩展。

蛇类的吞食动作不是"一气呵成"的。美味到口以后，它们往往是先用一侧牙齿（如左侧）咬住捕获物的头，接着，右侧的牙齿向前推进一小段距离；而后是右侧牙齿咬住猎物，左侧牙齿向前推进。如此循环往复，直至整个猎物被它吞下口去。一般来说，食物越大，它们所花的气力也越大。小的食物只要一两分钟就可吞食完毕，而大的食物有时就得花费一小时左右的时间。

也许青少年朋友会提出这样的问题：蛇在吞食时，口、喉都张得很大，而且持续的时间较长，为什么它不会窒息而死呢？原来，蛇的喉头与众不同，其气管前端有一组特殊的肌肉，这组肌肉的活动可以使气管的前端越过舌头前伸，位于分开的两侧下颌之间，使之不会被食物所堵塞。除此之外，蛇的气管壁上又有环状软骨，这就使它不会在压力下坍陷。

许多蛇的吞食活动都不相同。美洲有一种钝头蛇，头部很大，身体却又细又长。它能吞食蜗牛壳中的软组织，而将壳吐出来。当钝头蛇用上颌齿咬住蜗牛的头部后，它的下颌齿就会咬入软组织之中，然后利用一种轻微的旋转运动将其从壳中拉出来，以便吞食。

蝮蛇捕食鸟类的情景也是相当有趣的。它的身子缠绕在树枝上，头部略微抬起。当发现了栖息在树枝上的鸟后，它便以"迅雷不及掩耳"之势，用嘴衔住鸟的头顶，使鸟喙很自然地弯向颈部，以便将鸟的头部和颈部吞进去。接着，蝮蛇便把上颌斜向左侧，似合拢折扇一般，把一只翅膀合拢；然后，再将上颌斜向右侧，把另一只翅膀合拢。最后，才使劲地将整只鸟往嘴里送。前后历时一刻钟左右。

碗口粗的巨蟒能吞下体长一米左右的一只麂子。巨蟒把尾巴卷在树上，向麂子发起突然袭击，先是袭击它的头部，使之昏厥过去，而后使用尾巴把麂缠死，最后才从头到脚，把整只麂子吞了进去。有时，蛇和麂子的搏斗相当激烈，但麂子最终还是成了巨蟒的腹中之物。

海蛇的故事

　　1947 年 12 月 30 日，这是一个晴朗的日子，希腊轮船"圣塔·卡拉拉"号正在大西洋北美海岸航行。三副突然大呼一声，两个助手立即奔了过去，他们三人同时看到离船舷 10 米处的洋面上露出一只动物的头，它很像蛇头。它的皮肤呈暗褐色，光滑无毛，可见部分并无鳍或任何其他突起物。这只怪物被轮船撞断，上半段约 11 米长，周围海水顿时被怪物的血染得殷红一片。经过一番挣扎之后，它终于消失在船尾后的远处。由于这一怪物的形态与海员们描述的大海蛇差不多，因此大海蛇之谜曾一度成为热议的中心。

　　关于大海蛇的存在，多数学者持否定态度，认为所谓的大海蛇，很可能是海中的大王乌贼。大王乌贼体长 20 ～ 30 米，触手长达 20 米，甚至更长一些。有些触手有小水桶那么粗，在海面蠕动时，常被误认为大海蛇。

　　海里有蛇，却是事实。只不过它们没有传说中的大海蛇那么大而已，其长度一般都不超过 3 米。

　　海蛇本和陆生蛇是一家，最早也生活在陆地上，后来由于自然环境的改变而再次下水，又重新返回生命的摇篮——海洋的怀抱里了。在长期的进化过程中，海蛇逐步适应了海洋生活，身体结构和陆生蛇有了很大差异。它们的身体较陆生蛇侧扁，在游泳时，腹部可收缩，使身体成棱柱形，以减少前进的阻力。蛇尾也侧扁，这是它强有力的游泳器官。海蛇游泳是靠尾部左右摆动拨水前进的，游泳速度很快，海蛇的鼻孔在吻端，朝上仰开，这样只要头部

▲ 海蛇

稍稍离开水面，便能呼吸到空气。海蛇和陆生蛇一样，都是用肺呼吸的。它的两个鼻孔内长有能随时启闭的瓣膜，可防止海水从鼻腔进入体内，一次吸足空气后，能潜泳很长时间。其舌下有盐腺，可把体内多过的盐分排出体外，体鳞下的皮肤也比陆生蛇厚，以防海水浸入。

陆地毒性最大的蛇

陆地上最毒的蛇是分布于澳大利亚新南威尔士西部和昆士兰州恰纳尔县境内达门蒂那河、库帕尔河流域盆地内的太潘蛇。从一条这样的蛇身上挤出0.1克蛇毒，就足以杀死12.5万只老鼠。而海蛇的毒性远比太潘蛇大100倍！

海蛇主要分布于澳大利亚的西北和东部沿海、中美的西海岸，我国南方沿海也有分布，但南海最多。

海蛇多栖息在沿岸近海海底，特别喜欢待在半咸水的食物丰富的河口地带，多以鳗为食。绝大多数海蛇是卵胎生，直接产子。

世界上所有的海蛇都是毒蛇，其毒腺分泌含有神经性毒素的毒汁，毒性较强。海蛇的毒性是澳大利亚太潘蛇的一百倍。这种剧毒的蛇多在澳大利亚西北部帝汶海中阿西姆暗礁附近出没。

海蛇不但有毒，有的还带电。1985年，巴西一位渔民在亚马孙河口捕获了一条长2米的电蛇。经测量，这条蛇的身上带有350伏特的电压，若人在水中碰到它，就会遭到电击。

海蛇虽然有毒，甚至带电，但它也有很多用途。海蛇皮可制胶膜，脂肪可炼油，肉可供食用。海蛇又是一种很好的药品，加中草药浸酒，有祛风活血、治疗风湿的功效。所以每当渔民起网后，若发现捕获的鱼中有个别的海蛇，总是把它当做珍品，不肯轻易放过。

随着现代科学的发展，国内外科技工作者对蛇毒的研究已经取得了丰硕的成果。利用毒蛇的毒液，制成了各种抗蛇毒血清的疫苗。目前，世界上已有20多个国家利用50多种蛇毒研制成70多种抗蛇毒血清。世界上对蛇毒的研究处于领先地位的，要算巴西坦塔毒蛇研究所。这个研究所从建立至今已有上百年历史，拥有医生和研究人员100多人，饲养着各种有毒与无毒的蛇2万多条，收集了世界各地的蛇标本5万多件，还能用蛇毒制造13种不同的疫苗和17种血清。这些疫苗和血清不仅可以用来治毒蛇咬伤，还可以治疗流感、百日咳、白喉、骨髓炎、结核、伤寒等疾病。近几十年来，我国上海、浙江、广州等地也研制出了抗毒蛇的血清，抢救被毒蛇咬伤者的有效率达98%以上。

蛇　趣

　　《晋书·乐广传》中"杯弓蛇影"的故事和"一朝被蛇咬，三年怕草绳"的俗语，反映了人们对蛇的恐惧心理。然而，在世界上还有崇奉蛇、爱蛇的风俗。

　　我国福建是远古崇蛇风俗最盛行的地方。直到今天，崇蛇风俗仍旧沿袭不改。闽南漳州有一个村的蛇特别多，它们到处爬行，村民敬之如神。夜间蛇若爬上床来，甚至钻进被窝与人同眠，他们也若无其事，照旧安睡。该村的蛇被尊为"侍者公"，人们都把它视为保护平安的神灵，并认为家中有蛇是吉祥的象征，蛇多是好运来临的兆头。

　　维达是西非贝宁南部的一座海滨城市，人们来到维达，仿佛置身于蛇的世界。维达居民崇奉蟒蛇，将它视为神明。在这里，家家户户都养蛇，少者两三条，多者五六条，蟒蛇与主人同吃同住，和睦相处。正因为这样，人们称维达是"蛇城"。人们外出做工、经商、上学……都要随身携带蟒蛇，或提蟒蛇笼，或将蛇围在脖子上，据说这样可以降魔避邪。在这里，孕妇分娩时，有蟒蛇守护；老人临终时，由蟒蛇陪伴；足球比赛时，球场四周要放 4 条蟒蛇作为吉祥物。若有宾朋登门拜访，主人便拱手送上蟒蛇任其耍弄。每年的 9 月 15 日是维达的蟒蛇节，每家都将蟒蛇送到市中心去展览，以示庆祝。节日那天，维达市还要举行蟒蛇捕鼠角逐和颂扬蟒蛇的歌舞比赛，吸引数万外国游客慕名前来观光。维达人爱蛇如命，大街小巷如蟒蛇拦路，行人和车辆要绕道而行。按照传统习俗，杀害蟒蛇者必须偿命。维达有 7 处蛇陵园。蟒蛇死后，均收殓于专门编制的藤筐内，并葬于蟒蛇陵园中。维达市建有举世无双的蟒蛇庙，有大小 400 多条蛇供人们瞻仰、膜拜和问卜。

　　意大利有一个城市叫哥酋洛，该

▲ 冰蛇

在寒冷的冬季，蛇冻成直挺挺的像冰棍一样硬，蛇已经冬眠了，爱尔兰地区的老人竟把冰蛇当做手杖来使用。

城居民每年都要过一次"蛇节"。在这个城市里，有着各种品种的蛇。全城居民不分大人小孩都养蛇，而且不少人以贩蛇为生。蛇也是哥酋洛少年儿童们喜欢的"玩具"，许多孩子表示，他们长大以后的理想就是要当一名养蛇专家。最有趣的是，每年到"蛇节"这一天，家家户户都把喂得肥肥的蛇放出来，任其满城爬行。街上的行人手上都拿着几条蛇，以示庆贺。

坦桑尼亚流行耍蛇舞。耍蛇，是坦桑尼亚人民喜闻乐见的一种民间技艺。在坦桑尼亚的苏库马族中，有很多以耍蛇为生的民间艺人。当地称他们为"巴耶耶"。巴耶耶表演时，在节奏和谐且动听的鼓乐伴奏下，挥舞毒蛇，动作惊险，姿态优美，只见碗口粗细的大蟒和细如嫩竹的小蛇在耍蛇艺人的指点下，和着鼓乐，点头弯腰，左盘右旋，翩翩起舞，十分有趣，深受观众欢迎。这种耍蛇舞就叫做"伍耶耶"。

雌蛇在繁殖季节，它的腺体会分泌一种吸引雄蛇的物质。巴西一位捕蛇人弄到响尾蛇的这种腺体分泌物，涂在皮靴上，顺着丛林深处走去，雄性响尾蛇立即追踪，一个上午他捕捉了几十条雄性响尾蛇。

英国有一位医生饲养了一条蟒蛇作为"贴身警卫"。当夜间主人熟睡时，屋中如有响动，蛇就主动巡逻，不但歹徒不敢入屋盗窃，连老鼠也都绝迹了。

斯里兰卡把一颗世界第三大的蓝宝石送到伦敦世界博览会展出，玻璃柜内放了一条驯养的眼镜蛇监护，歹徒纵然垂涎三尺，也不敢下手。

在希腊的北斯波拉提群岛上，有一种叫"夫加"的吐丝蛇。这种蛇的头部下面有一个鼓起的囊包，能不断地射出一种洁白的半透明液汁，一遇到空气，立即干涸成丝。吐丝蛇喷射液汁时，能像蜘蛛结网那样织成六角形的网。当地渔民看到这种网时，把它割下来，并在网边稍作加工，穿条拉网绳，就成了一张蛇丝渔网。这种渔网质地坚韧，不怕海水腐蚀，比一般渔网还耐用。

印度尼西亚伦巴岛上的农民对稻田的稗草不用人工和化学除草剂清除，却用一种白圈蛇来除稗。这种蛇，人称"食稗蛇"，身长约一米，背部有十几个白色的圈形花纹。它很爱吃稗草，因为稗草里有一种"稗草香素"。但它却不吃稻麦等农作物。每当到了除稗季节，当地农民就提着蛇笼，把食稗蛇放到田里除稗。一般每1万平方米放50～60条食稗蛇，一两天内就可把稗草全部除光。

非洲莫桑比克有个叫旁阔纳的村庄，盛产奇特的绞蛇。它们习惯在河水边首尾相连成一个长串，并将两端紧绕在河两边的粗树干上，形成"蛇桥"。人走上"桥"，它们不但不掀翻行人，而是缠绕得更紧，让人平安过河。不过，令人困惑的是，一旦行人到达对岸，绞蛇便很快逃散得无影无踪。

护蛇灭鼠

前些年，广州郊区的石井镇鼠害猖獗，每年损失的农作物价值达数百万元。但是，有一位农民的田里却没有老鼠，年年增产增收。人们前去取经，原来他家那块40多亩的农田里，有两条自然生长的水律蛇，这两条"蛇卫士"保卫着庄稼，使老鼠不敢前来侵犯。后来，有见利忘义的人捕杀了那两条蛇。不久，这块农田就像其他田地一样，发生了鼠害。人们在痛恨之余，悟出了一个道理：一物降一物，蛇能克鼠。

1997年春寒过后，石井镇的农民大规模放蛇，全镇共放蛇1000多条，花费8万多元，这一年，减少损失300万元。1998年，村民根据水律蛇昼出夜伏的习性，又投放了400多条昼伏夜出的湖南广花蛇，对田鼠形成日夜夹击的攻势，收效更加显著。成功的经验传出后，佛山、南海一带农村的农民也开始放蛇灭鼠了。

在灭鼠声中，人们常为猫评功摆好。其实，在某些特定条件下，蛇倒是更胜猫一筹。我国台湾省有些碾米厂，老板面对鼠害严重的棘手问题，一下子放养了10只猫在仓库里。可遗憾的是，鼠害并未杜绝。这时，碾米厂老板又买来6条无毒蛇放养在仓库里。这一招可真灵，仅过一年老鼠就无影无踪了。

不可否认，在这个实例中，灭鼠之所以获得出色的成绩，有蛇和猫联合作战的贡献。可是，蛇捕鼠却有远胜于猫的一大长处，是应该特别值得称道的。

在浙江的一些旧屋里常有"老鼠数铜钿"的怪事，"咋咋"之声清晰可闻。什么叫"老鼠数铜钿"呢，有经验的人会告诉你，这是老鼠被它的克星——蛇逼

▲ 蛇

到绝境时所发出的哀鸣。

你若稍微留点心，就会发现，那儿仅有可供老鼠出入的小洞，猫到此只有干瞪眼，毫无办法。可是，对于身子细长的蛇来说，尽可长驱直入。前边提到的碾米厂的猫，之所以无法把老鼠一网打尽，是因为那些刁钻的老鼠藏身到麻袋等孔隙中去了。然而，老鼠虽逃出了猫爪，却无法摆脱蛇口。

近年来，老鼠作恶似有愈演愈烈的趋势。我国某地的一个养鸡场，一年被老鼠祸害的鸡蛋竟达上万斤！咬死雏鸡 3 万只！难道不触目惊心吗?！老鼠家族大繁衍和生态环境被破坏，与鼠类的克星锐减有关，特别值得一提的是蛇。因为它的模样并不讨人喜欢，被迫自卫时还会咬人，所以"见蛇不打三分罪"成了挂在人们嘴边的口头禅。

其实，蛇对人有害也有利，而且是功大于过。如黑眉锦蛇、王锦蛇、滑鼠蛇、厌鼠蛇、眼镜蛇、金环蛇、银环蛇、蝮蛇等都是以捕食鼠类和害虫为主。这些蛇无声无息地守卫在田野山林，消灭鼠害、虫害，防病保粮，功劳是很大的。目前，有些人打蛇捕蛇，并非怕蛇，而是爱钱。他们捕捉各种蛇贩卖，牟取暴利，严重地破坏了生态平衡，造成恶性循环。

我们对蛇不能"恩将仇报"。调查研究表明：在江浙等地被称作"家蛇"的黑眉锦蛇，它食兴高时一下子就可吞食四五只老鼠，每条蛇在一年中可灭鼠 150 只。这种蛇在杭州被尊为"青龙菩萨"，老年人总劝阻别人不能杀害它。

蛇能灭鼠，这是我国劳动人民早已在生产劳动中认识了的。因此，早在明、清两代，某些地区就盛行养蛇灭鼠，广东、广西等地至今仍保留着这种习惯。通过正反两方面的事实，人们深感蛇在灭鼠上身手不凡，功不可没。比如广西玉林石南乡有个村，曾购三条无毒蛇放养田间，鼠害大减。可是，后来蛇被偷走，鼠害迅即剧增，以致早稻被糟蹋得颗粒无收。

养蛇灭鼠，此风值得提倡。湖北有位"捕蛇王"，他的举止堪称典范。为供医药之需，尽管他也捕杀了不少蛇，但他绝不伤害吃老鼠的无毒蛇。他还从邻省、邻县捕来食鼠量大的多种无毒蛇，繁殖后代后放养出去，从而使周围形成一支浩浩荡荡的灭鼠大军。

非凡的捕杀本领

　　蜥蜴、变色龙、蚓蜥和蛇，均属有鳞爬行动物。这类动物可说是现时唯一达到全盛时期的一个目。这个目约有 5700 个品种，踪迹遍布全世界。距今 1.37 亿年至 6700 万年，蛇从蜥蜴中分化出来，现有 2700 个品种。

　　确实很少有动物像蛇这样，既使我们异常厌恶，又令我们赞叹不已。进化的成果之一就是蛇的奇异的身体。首先这种无脚的动物像条五彩缤纷的带子，却以每小时 8 千米的速度在地上（也能在水中、树上和地下）爬行。蛇的四肢显然是为适应崎岖不平的地形（石块、茂密的草丛和灌木丛）的生活而消失的。但它们仍能生活在海水、淡水、陆地和土壤中，还能生活在树上。它们利用被附着物的不平表面行进，蛇的腹鳞在运动中起着极大的作用。体躯较粗的蛇，如蟒蛇，依靠肋骨与腹鳞间的肋皮肌有节奏地收缩，使宽大的腹鳞依次竖立，支于地面，于是蛇体作直线向前，或让身体的任何一段固定在被附着物上。而大部分蛇类，由于腹鳞与其下方的组织之间较紧密，腹鳞紧贴身体，不能进行上述运动，而是先将身体前端抬起，尽力前伸，接触到支持物，身体后部随着收缩上去，进行伸缩运动。此外，依靠腹鳞的边沿牢牢挂住被附着物的不平表面以防后退。所以蛇的前端如果已经进洞，想抓住后端把蛇拖出洞来几乎不可能，阻力之大使捕蛇者有可能将蛇的脊椎拉断。

　　不少文章都说蛇的眼睛奇特，具有魔力，仿佛它们能使被猎物进入催眠状态然后将其逮住。其实不然。蛇的上下眼皮已长合为一个整体，形成一块透明膜，所以蛇是不眨眼的，这也是蛇区别于无脚蜥蜴

▲ 蛇

的特征之一。实际上蛇的视力并不太好，对活动着的物体则敏感得多。更有趣的是蛇的听觉器官已发生重大变异，它没有外耳和鼓膜，听不到空气中传播的声音（音乐、说话），然而它有内耳，使其对于地表传导的振动，如人或动物接近的脚步声极为敏感。因此，经过训练的印度蛇不是听命于音乐而是看到笛子的运动而起舞的。

> **《 蛇 》**
>
> 蛇体表被角质鳞。四肢退化，少数原始种类在肛孔两侧有呈爪状的后肢残余。舌细长而深分叉。眼睑愈合为罩于眼外的透明膜，固定不能活动。无外耳及鼓膜。下颌通过方骨与脑颅相接，左右下颌骨之间以韧带相连，故口张得很大。无胸骨。有交接器一对。卵生或卵胎生。

蛇这类动物常被认为是一种不祥之物，它们中的有毒种类，的确是能置人于死地的动物。

蛇就像一个好猎手，擅长发现猎物。那灵巧的身体结构赋予它们非凡的捕杀本领。其视觉特别适于察觉活动着的目标，潜在的猎物只有在完全静止不动的情况下才得以幸免；而大多数动物是不可能长时间保持静止的。

如果说蛇的眼睛在发现食物上的能力还不够完美的话，那么它的舌头也许能弥补这小小的不足。即使蛇嘴紧闭，它的舌头也能通过口前方的小孔伸缩自如，因而可不断地吸进并检测着周围空气中带有气味的微粒。当这些微粒粘到分叉的舌面时，就会被送到位于腭部的犁鼻器去判断是否有食物。有些蛇除具有味觉器和视觉器外，在眼与鼻孔之间还有热测位器——颊窝，它能使蛇单凭猎物的体热来发现它们。

蛇一旦选中了猎物，这猎物就会被绞杀或毒死。蟒类的伎俩只是将猎物缠住并越箍越紧使之窒息死掉。只有近 30%的蛇是靠蛇毒置猎物于死地的。蛇毒致死比起绞杀是一种远为复杂的过程。毒蛇具有令人望而生畏的毒牙。中空的毒牙有导管连接位于头侧的毒腺。当毒蛇咬物时，毒腺便排出毒液，经毒牙注入猎物。蛇毒实际上是酶类和蛋白类的一种混合物。它通过麻痹中枢神经系统或者使血液浓化、凝结致死。

蛇的牙齿不能用于咀嚼，因此必须囫囵吞食。而食物往往比就餐者的腰围粗好几倍。幸好蛇嘴的构造特殊，问题便迎刃而解了。蛇的下颌由两块彼此分开的骨头组成，其间连以韧带，使它非常柔韧。整个下颌与颅骨连接松散，因而能拉开并且自由下垂。因此，蛇嘴能沿物体周围移动，宛如人穿袜子一般。蛇的颌周肌系非常有力，这使某些既非毒蛇又非蟒类的蛇种，能够将挣扎的猎物直接生吞下去。

蛇的捕猎工具应有尽有，无怪乎总能捕获潜在的猎物。如果说那些潜在猎物有什么值得聊以自慰的，那就是它们晓得蛇在饱餐一顿之后，有好几天是动弹不得的。

蛇的全身都是宝

晋朝时候，有一个叫乐广的人，有一次，他请一位朋友到家里喝酒。主人十分殷勤，在客厅里摆上了宴席。

那位朋友很高兴，可是当他端起酒杯，准备一饮而尽的时候，突然看见酒杯里有一条游动着的小蛇。他感到十分厌恶。喝完酒后，他很难受，总觉得肚子里有一条小蛇，因此回到家中就病倒了。

乐广听说到朋友生病的消息和病因后，心想："酒杯里怎么会有蛇呢？"于是，他来到那天喝酒的地方仔细察看。原来，在客厅的墙上挂着一把漆了油彩的弓，弓的影子恰好落在那位朋友放过酒杯的地方。弄明白原因后，他便派人请那位朋友再来喝酒，并说保证能治好他的病。那位朋友来了，乐广请他仍旧坐在他上次坐的地方。那位朋友非常不安，端起酒杯往里一看，只见那条小蛇仍然在酒杯里活动！他心情特别紧张，双手发抖，浑身直冒冷汗。这时，乐广指着墙上的弓，笑着说："你看，这哪里是什么蛇，只不过是墙上那把弓的影子罢了。"说完，他把墙上的弓摘下来，酒杯里的"蛇"果然不见了。那位朋友弄清了真相，消除了疑虑和恐惧，他的病马上就好了。

后来，人们根据这个故事，概括出"杯弓蛇影"这句成语，用来比喻因疑虑而引起恐惧，有时也用它讽刺那些疑神疑鬼、自我惊扰，在虚幻的现象面前盲目惊慌的人。

从这个故事里，我们可以看到，自古以来，蛇给人的印象就是可怕的。其实除了毒蛇会伤人以外，蛇的一身都是宝。

早在 2000 多年前的西汉《神农本草经》中就记载蛇能入药。明代李时珍所著《本草纲目》中记载更为详细："蛇肉，主治大风，半身枯死等。"

▲ 蛇

1800 年前后欧美的科学家才开始研究蛇。随着科学的发展，蛇的药用价值，特别是蛇毒的药用价值越来越被人们重视。

蛇肉有祛风湿，舒筋活络，定惊止痛之功效，主治风湿痛、关节炎、半身不遂等。传说有 2000 多年历史的"龟蛇酒"，就是用眼镜王蛇和金龟配以当归等多种原料制成的。龟蛇酒有滋阴补肾、强筋壮骨之功效。

据现代药理分析，蛇肉含蛋白质很高，特别含苯丙氨酸、色氨酸等 8 种人体自身不能合成的必需氨基酸较多，还含有能增加脑细胞活力的谷氨酸，以及能消除疲劳的天门冬氨酸。

蛇胆更是蛇中之宝，尤其是毒蛇胆更为珍贵。它具有行气祛痰、搜风祛湿、明目益肝、清热散寒的功用，可用于治疗风湿关节痛、咳嗽多痰、赤眼目糊、小儿惊风等症。

蛇蜕（蛇蜕下来的皮）也是一味杀虫、祛风的中药，治疗喉痹疔肿、带状疱疹等疾患效果颇佳。

蛇油不但可用来治疗蛇疮、冻疮、烫伤、皮肤皲裂，还可作为工业用油或擦枪用油。

令人触目惊心的蛇毒，也是治病良药。用蛇毒制成的各种抗蛇毒血清，是治疗各种毒蛇咬伤的"特效药"，只要及时正确使用，有"药到病除"的功效。动物实验还证明，眼镜蛇毒、眼镜王蛇毒、金环蛇毒有良好的止痛效果。

《《 预报天气 》》

蛇能敏锐地感觉空气中微弱的气压变化，谚语说："燕子低飞蛇过道，大雨不久就来到。"对天气预报有一定参考价值。

闻名中外的"三蛇酒"、"五蛇酒"，就是以毒蛇眼镜蛇、金环蛇外加一种无毒蛇凑成"三蛇"，而五蛇是上述三蛇再加上银环蛇和另一种无毒蛇组成。目前，蝮蛇等毒蛇和赤链蛇等无毒蛇也都可作为浸制蛇酒的好材料。

作为传统药材而位居"极品"的毒蛇是五步蛇和金钱白花蛇。《捕蛇者说》中说的毒蛇"黑质而白章"者即指五步蛇，它又名蕲蛇；金钱白花蛇则是银环蛇刚自蛋中孵出的幼蛇。它们不仅可以直接用来浸泡蛇酒，而且大多是以头部居中，盘成圆圈烘烤成蛇干作为商品。

将蛇浸酒，大多连同毒蛇头一起浸泡。那么人喝了这种酒难道不会中毒？没关系，因为所用的酒都是 50 度以上的米白酒，蛇毒碰上了酒精就失去了毒性。其实，只要我们的口腔和消化道没有伤口，即使吃了少量蛇毒，其毒性也会被我们消化道里的蛋白酶所破坏。

由于蛇种的不同，其疗效各有差异，但它们对治疗风湿性关节炎、神经痛等均具有良好功效。而有些蛇，对某些疾病的疗效尤为卓著。如五步蛇，在治顽固性瘙痒症上有奇效，有些患者多年被这种疾病折磨得痛苦不堪，经用此药而病除；在治麻风病上，至今它仍被列入传统药物。

"吉安胡卓人蕲蛇药酒"是以蕲蛇为主要原料，由江西人胡卓人创制于明代。江西省蕲蛇资源丰富，吉安、上饶、抚州、赣州等地均产。"吉安胡卓人蕲蛇药酒"以蕲蛇、田七、川杜仲、当归等60多味地道药材为原料，按比例经混合粉碎后制成粗粉，再加入适量50度白酒，冷浸30～40天，每天搅拌1～2次，再经精心过滤数次，滤渣压榨，榨出汁经澄清后，取上清液与滤液合并，加红糖，搅拌、溶解后，静置数日，再经过滤后即成。此药酒具有透骨搜风、舒筋活血之功效，对风湿麻木、四肢瘫痪、半身不遂等症有显著疗效。

"梧州三蛇酒"是以眼镜蛇、金环蛇和灰鼠蛇，配以米酒泡制而成。它酒色橙黄透明，酒味香醇，具有祛风活血、通经络、强筋骨之功效，对风湿瘫痪、风湿骨痛等疾病有明显疗效。

无论是制蛇干或浸蛇酒，都是将蛇剖腹后除去其肠子和内脏。但不要把这些肠杂当做废料扔掉，因为里边还有许多可以入药的珍宝。

最为名贵的是蛇胆，它在治疗咳嗽多痰、风湿性关节炎、赤眼目糊、小儿惊风等疾病方面，效果特别好。医学上针对不同的疾病，除新鲜吞服外，还制成药丸、蛇胆酒，拌在相应的中药粉中制成蛇胆川贝、蛇胆半夏、蛇胆陈皮等中成药备用。

用蛇的脂肪煎熬成的蛇油，在治疗水火烫伤和皮肤皲裂上效果很好。蛇蜕、蛇血、蛇肝等也可作药。

几十年来，由于分子生物学的迅速发展，对蛇的研究已由蛇的药用，深入发展到蛇毒的应用。目前，蛇毒已在生物学和医学研究中获得重要地位，受到国内外学者的重视。蛇毒是有极强毒性的蛋白质类或多肽类物质，其成分十分复杂。临床工作中习惯把蛇毒分为神经毒、血循毒、混合毒三类，不同种类的毒蛇，其毒的成分不一，其作用与应用正在研究之中。

当前，蛇毒应用于临床可归纳以下几个方面：

一是抗凝。蛇毒中含有抗凝血和溶血毒素，能对抗血液的凝固，不同毒蛇的毒抗凝原理也不尽相同。如从东北陆生蝮蛇毒中提取的"蛇毒抗栓酶"，经动物毒的药理实验及临床应用，证明其有降低纤维蛋白元，降低血液黏度、血脂，降低血小板黏附及聚集功能的作用，用于临床治疗脑血栓、脉管炎等病症，取得了良好的效果。

二是凝血。有一种"爬虫酶注射液"具有凝血酶样和凝血活酶样作用，且效应快，持续时间长，可达1～2天，可用来治疗内、外、妇产、五官科各种出血病。

三是镇痛。"眼镜毒蛇注射液"就是用眼镜蛇毒制成的镇痛新药。这种药作用快、效力持久、久用不成瘾，用于风湿痛、神经痛、晚期癌肿痛等症，效果较好。

生机勃勃的蛇岛

在渤海湾，有个栖息着成千上万条蝮蛇的三棱形小岛——小龙山岛，人们称它为蛇岛。

在这个方圆不过 4 平方千米的小岛上，树杈上挂着蛇，石头上盘着蛇，草地上游动着蛇，是一个名副其实的蛇的世界。

蝮蛇，别名"草上飞"、"土公蛇"。一般长 60～70 厘米，头呈三角形，颈细。具颊窝。背灰褐色，两侧各有一行黑褐色圆斑；腹灰褐，具黑白斑点。尾巴是扁的，口中有两颗毒牙，咬人时毒液通过它注入人体。人一旦被咬伤，若抢救不及时，3 个小时内就会丧命。盘在树上的蛇，姿态千篇一律，都是尾巴缠在树枝上，头部靠近树梢，微微仰起，向着天空。有的一棵树上竟盘绕着 20～30 条蛇。有的树木由于蛇的缠绕已经枯死，你可以想象蝮蛇的毒液有多么厉害！

蝮蛇以吃鸟为主，鸟蛋和老鼠是它的辅助食物。

岛上的蝮蛇为什么特别多呢？

蛇岛气候温和，雨量适宜，岛上石头缝多，土地潮湿，土层又厚又疏松，杂草丛生，树林繁茂，提供给蝮蛇一个十分理想的生活环境。天凉的时候，它们可以盘

▲ 蝮蛇

在大石头上晒晒太阳；天暖的时候，它们可以在杂草和灌木丛里溜达溜达，或者爬到树枝上，猎取食物。在冬天，它们可以钻到一米多深的石头缝或土洞里，即便是寒冷的天气，也不至于冻死，第二年天一暖和，又照常钻出来活动了。

在岛上，大的蝮蛇吃小鸟，小的蝮蛇吃蜈蚣。那里蜈蚣很多，在暖和的季节里，小鸟到处都是。蛇岛是小型候鸟长途飞行的一个中转站，这些小鸟在春末从南方飞到北方，在那儿度过夏天，产卵、孵出小鸟；到了秋末，它们又带着儿女回到温暖

"打草惊蛇"

俗话说："打草惊蛇。"为什么碰到草会惊动蛇呢？原来，蛇耳的构造是很特殊的，它没有外耳和中耳，却生有极为发达的内耳。内耳对空气中传来的声音并不敏感，但对地面传来的震动刺激却接收得非常快；蛇一般伏在地面，内耳会比较容易感觉到地面震动的刺激，所以，打草便惊动了蛇。

的南方去过冬。当它们在路上飞得又累又饿的时候，就在蛇岛停下来，休息一会，吃些昆虫充饥。同时，它们又是岛上蝮蛇的食物。蝮蛇的食量很大，一顿能吃 7～8 只小鸟，甚至可以吞下比自己头部大 10 倍的鸟。蝮蛇饱餐后，平均体重可增加食物量的 1/3，最高可达食物量的 72.7%。这说明它能高效地吸收食物的营养成分并储藏于体内，而消耗时又以极为经济节约的方式进行，这使它能长时间地忍饥挨饿。有的蝮蛇能饿上一年而照样活动。由于岛上食物丰富，蝮蛇得到了充分的营养，不仅长得快，繁殖得也多。

在这个岛上，蝮蛇是最厉害的动物，海猫、老鹰、老鼠都斗不过它，至于蝙蝠

▲ 蛇岛

和其他小动物，就更不在话下了。由于这里没有大的敌害，蝮蛇生得多，死得少，它的家族十分兴旺。

蝮蛇吃得浑身肉滚滚的，贪嘴的老鹰见了它格外眼馋。老鹰有时猛然俯冲下来，闪电似的抓住一条蝮蛇飞起来。你可能以为老鹰吃上了一顿饱餐，不料只听一声惨叫，老鹰像被打中的飞机一样坠落下来。原来，老鹰中蛇毒而死，掉在草地上的蝮蛇借机逃跑了。

蝮蛇如此厉害，难道蛇岛上就没有制伏它的动物了吗？俗话说得好，"卤水点豆腐，一物降一物。"岛上的海鸥就是它的敌手。蛇岛上有十几万只海鸥。海鸥把巢建在悬崖的岩石缝隙中，当蝮蛇偷袭海鸥，爬到它的窝里吞食海鸥蛋或幼雏时，常常被海鸥发现。海鸥把蝮蛇叼起来扔到海中或岩石上摔死。蝮蛇虽毒，却对海鸥无可奈何。不过，只要蝮蛇不侵犯海鸥，它们也愿意和蝮蛇"和平共处"。

除了小龙山蛇岛外，山东省庙岛群岛西南部的大黑山岛是蝮蛇的又一个王国，人称第二蛇岛。

大黑山岛面积 7.286 平方千米，人烟稀少，崖峭山陡，灌木丛生，原始生态环境完好。由于海水的调温作用，岛上平均气温 11.9℃，平均湿度 67%，日照率 63%，年降水量 565.2 毫米。这些气候条件都适宜蝮蛇生长。而且，岛上动植物资源丰富，仅飞经的迁徙鸟就有 207 种。这些优越的自然条件，为岛上蝮蛇的繁衍生息提供了良好的条件。黑山蝮蛇属卵胎生。幼蛇在未出生前就受到母体的良好保护，因而大大减少了不良条件对幼蛇的影响，这都有利于蝮蛇在大黑山岛上生存。估计岛上有蛇上万条，成为我国第二蛇岛。大黑蝮蛇体形短粗，体长一般 70 厘米左右，皮肤多呈黑色、褐色，间有斑条花纹。蝮蛇耐饥，又能暴食。蝮蛇有很高超的捕鸟本领。它常将后半身缠在树枝上，前半身曲成弹簧状，一触即发，几乎百发百中。当鸟落在它身旁时，蝮蛇能迅速咬住，毒牙排出毒液，将鸟杀死后吞咽。

灭鼠能手响尾蛇

1982 年 6 月 9 日，黎巴嫩贝卡谷地的上空战云密布，电闪雷鸣，第五次中东战争进入了高潮阶段。近百架美制 F—15、F—16 的以色列飞机，突然对部署在贝卡谷地的叙利亚 19 个萨姆—6 防空导弹基地进行轮番轰炸。叙利亚立即起飞米格—21 和米格—23 飞机升空迎击。双方先后出动飞机 150 多架次，在空中进行了持续一个多小时的战斗。结果，叙利亚 29 架米格飞机被以色列击落，而击落叙利亚飞机使用的武器，是一种模仿响尾蛇颊窝的构造制造的"响尾蛇导弹"。

在美洲、澳洲、非洲的某些地区，常会听到一种"嘎啦嘎啦"的声音，没有经验的人以为这是溪水发出来的流水声，可是在这声音的四周，却没有小河小溪。原来这不是什么流水声，而是由一种毒性极强的蛇用尾巴剧烈地摇动而发出的响声。这就是大名鼎鼎的"响尾蛇"。

为什么响尾蛇的尾巴会发出响声呢？

大家在观看篮球比赛时，总看到裁判吹的哨子吧！它是一个铜壳子，里面装上一层隔膜，形成两个空泡，当人用力吹时，空泡受到空气的振动，就发出响声。响尾蛇的尾巴也有类似的构造，不过它的外壳不是金属，而是坚硬的皮肤形成的角质轮。由这种角膜围成了一个空腔，空腔内又用角质膜隔成两个环状空泡，也就是两个空振器。当响尾蛇剧烈摇动自己的尾巴时，在空泡内形成了一股气流，随着气流一进一出地反复振动，空泡就发出一阵一阵的声音来了。

响尾蛇的角质轮所发出的声音，很像溪流声，用这种响声来引诱口渴的小动物，所以这也是它的一种捕食方法。

响尾蛇经常捕捉耗子等小动物作为食物。奇怪的是，它

▲ 响尾蛇

的眼睛已经退化得快要成为瞎子了，怎么还能捉住行动那样敏捷的耗子呢？

科学家经过观察发现，响尾蛇的两只眼睛的前下方，都有一个凹下去的小窝，这是一种特殊的器官——探热器，能够接收动物身上发出来的热线——红外线。这种探热器反应非常灵敏，温度差别只有1‰摄氏度，它就能感觉到。所以只要有小动物在旁边经过，响尾蛇就能立刻发觉，悄悄地爬过去，并且准确地判断出那个猎物的方向和距离，窜过去把它咬住。

早在200多年前，科学家就曾用多种方法试图探索蛇颊窝的结构和功能，但直到20世纪30年代，有人从解剖入手才摸清了颊窝的构造。原来凹窝生在颌上，凹窝内有一层1/40毫米的薄膜，薄膜上分布着第五对脑神经的神经末梢。薄膜将凹窝分为内外两室，外室直接与外界相通，内室有一个细胞管通向眼角前方，仅以一小孔与外界相通。

搞清楚颊窝的构造后，人们用响尾蛇作了一次有趣的实验，把蛇的感觉器官都封闭起来，只留着颊窝，然后用黑纸包着灯泡通电发热。蛇虽然看不见光，它却突然向灯泡冲去，这使人们第一次知道颊窝是蛇感觉温度的器官。

20世纪50年代，科学家们对响尾蛇为什么能传导这种极微弱的生物电流进行了研究。他们麻醉了毒蛇，将颊窝上的神经分离出来接到仪表上，然后用动物或带有热度的物体去接近它。这时颊窝的内室保持正常温度，而外室则受到动物热量的影响，使颊窝薄膜的两边产生温差。由此证明，在薄膜上产生的微弱生物电流，是通过神经传导到中枢才产生感觉的。人们还发现，响尾蛇的颊窝结构非常精巧，对温热变化感受的灵敏度十分惊人，它不仅能感受到周围气温3‰甚至1‰摄氏度的变化，而且还能判断发出热量物体的准确位置，从而揭示了响尾蛇夜间捕捉田鼠的奥秘。原来，田鼠等小动物在夜间会辐射出人眼看不见的红外线，响尾蛇就靠它颊窝的"热感"来发现和捕捉这些猎物。因此，蛇的这种红外感受器，也就是热定位器，依靠它捕捉老鼠。

科学家们根据这些原理，在一些导弹上安装了类似的红外线自动导引系统，响尾蛇导弹就是其中的一种。它能感受目标的红外辐射，有红外线自动跟踪制导系统，发射后能寻找追踪喷气机尾部喷管及飞机机身辐射的红外线，直到击中目标为止。

不过，人们制造的"红外导引"装置只能适应5‰摄氏度的差别，而且构造比响尾蛇的要复杂得多。

目前，经过军事科学家们进一步改进的响尾蛇导弹的击中率更高了。由于使用了先进的光学设备和电子设备，红外线自动引导系统的灵敏度比原来的要高出几十万倍，它不但能敏锐地观察到发动机尾部喷出的高温热气流的红外辐射，还可以"看见"喷出的二氧化碳废气的红外辐射，以追踪距离达6千米外的目标，并且可以分辨出是真正目标还是干扰信号，从而自动锁定目标，直至目标被摧毁。

印度的圣蛇——眼镜蛇

祭台前，4个妇女跪伏在一条眼镜蛇面前，虔诚地献上她们的供品：几个铜盘中分别装着鲜花、粮食、牛奶和燃烧着的樟脑。她们嘴里默默地念着一首赞美眼镜蛇的诗："我们默默地祈祷，我们热情地赞美……"她们跪伏在眼镜蛇能咬到她们的距离之内（眼镜蛇身体竖起部分的长度），以示她们的虔诚。令人惊讶的是，眼镜蛇并不攻击它那些忠实的信徒。这是印度"毒蛇节"中一个惊人的场面。

眼镜蛇是一种有剧毒的毒蛇。它颈部和躯干部的颜色和花纹变异甚大；颈部有一对白边黑心的眼镜状斑纹，躯干部呈黑褐色，有黄白色环纹15个，腹部黄白或淡褐色，当它一旦激怒时，前半身竖起，颈部胀大，怒目相视，发出"呼呼"的响声，这种凶恶的模样足以使人望而生畏、毛骨悚然。

▲ 眼镜蛇

但是在印度，眼镜蛇却受到人们的崇拜和敬仰。他们把它视为"生育"的象征，崇拜眼镜蛇，神灵就会赐予他们儿女。早在13世纪，印度马哈巴利普兰的一块巨石上雕刻了一座高达3米、背上有7条前半身竖起的眼镜蛇的神像，以表示人们对眼镜蛇的无限敬仰。

在整个印度，要数位于印度西部的小村庄——希拉立最崇拜眼镜蛇了。那里的村民相信这样一种传说："相传在很久以前，神曾给予当地人一个恩惠：永远保佑村民免遭田地里的眼镜蛇的伤害。"从此以后，希拉立的村民们不必再害怕眼镜蛇了，而眼镜蛇便成了神的象征。因此每年7月在希拉立举行一次规模庞大、热闹非凡的庆祝活动——毒蛇节，从印度各地赶来参加这次圣会的人数可多达2万人。

在"毒蛇节"的前几天，希拉立的村民就在肥沃的田地里和泥洞中到处寻找眼镜蛇。一旦捉到眼镜蛇，他们就把它视为神灵养在家中。

在"毒蛇节"这天的黎明之前，村民们都进行沐浴。当太阳升起时，欢乐的人们捎着装有眼镜蛇的瓷罐来到集合地点。妇女们和姑娘们用金银饰品把自己打扮起来，赶来参加这一盛会。队伍拥过希拉立的街道，来到 800 米外的一个寺庙。村民们把眼镜蛇一条接一条地放在祭台之前。眼镜蛇盘着尾巴，竖起前半身，头部左右摇晃。此时，崇拜者们纷纷跪伏在它们面前，献上她们带来的供品。

等到所有的仪式进行完毕，妇女和孩子们把稻米撒在眼镜蛇的头上。甚至有人把鲜花放在眼镜蛇的头上，好似给它戴上一顶美丽的花冠。

傍晚，披着盛装的牛拉着一辆辆车子在村子的主要街道集中起来。眼镜蛇则被放在车子上的小神台上。到了深夜，眼镜蛇又被装进罐中，直至第二天再放它们出来。此时的村民们载歌载舞，饱餐一顿，这才是整个节日中最愉快的时刻。

我国体型最大的毒蛇——眼镜王蛇与大名鼎鼎的眼镜蛇同属一科，"长相"较为相似。

尤其是当它被激怒时，也像眼镜蛇一样，能使身体的前半部竖立起来，颈部扁平扩展，显出发怒的样子，只是颈背部的花纹没有眼镜斑。但它的"个子"比眼镜蛇大得多，一般眼镜蛇最长不过 2 米左右，而眼镜王蛇却能长到 4 米多，最长的甚至超过 5 米，就是刚孵出来的幼蛇都长达半米，真可称得上是毒蛇中体型最大的一种。

眼镜王蛇也是最毒的蛇种之一，它的毒液成分复杂，含有神经毒、血循毒、各种酶及多种溶细胞素。平时毒液贮存在位于眼后皮下的毒腺里，咬物时毒液靠肌肉收缩挤压通过毒牙排出。毒牙一般为一对，形状很像弯曲的圆锥，并具有纵沟，牢固地附着在上颌骨的前方，所以叫前沟牙。

眼镜王蛇主要分布于我国长江以南各省，喜欢栖息在 200 米以上的高山区，常在溪塘附近，隐匿在岩缝或树洞内。后半身能缠绕在树枝上，前半身悬空下垂或昂起。一般都是白天出来活动，它的食性很特别，专喜捕食各种蛇类。它的"脾气"比较暴躁，我们形容人吵架常说"脸红脖子粗"，而眼镜王蛇和眼镜蛇在盛怒时，虽然"脸"不会变红，但"脖子"却能向两边涨粗，并且头平直向前，随着竖起的身体摆动着，不时发出"呼呼"的示威声。它们的这种习性是一种特殊的活动方式，"脖"子能胀起的原因是，体内这段的肋骨较长，支撑着皮肤可向两侧扩展所致。

像所有爬行动物一样，眼镜王蛇冬季也要冬眠，出蛰后进行繁殖。蛇类没有声带不会鸣叫，它们是怎样互相寻找"对象"呢？原来在它们肛门孔下端长着一对臭腺，交配季节能分泌出特殊气味的液体，双方嗅到气味后就能互相找到。产卵时以落叶堆成巢窝，把卵产在里面，再用落叶盖住。一般每条蛇产卵 20～25 枚，多的可产到 40 枚。母蛇有护卵习性，产完卵便盘伏在上层的落叶堆上，有时雄蛇也帮助护卵。在饲养的条件下，其寿命可活到 10 年以上。

蛇之最

最长的蛇，是分布于东南亚、印度尼西亚及菲律宾的网纹巨蟒，一般身长都超过 6.2 米，1912 年在马来群岛西里伯斯北部沿海一个矿区附近一条被打死的巨蟒身长 10 米。圈养的蛇中最长（也是最重）的是一条名叫"克洛塞斯"的雌性网纹巨蟒。这条蛇于 1963 年 4 月 5 日在美国宾夕法尼亚州来夫林海兰公园中的动物园去世。它身长 6.7 米，体重最重时为 145.28 千克。

世界上最短的蛇，是数量非常少的线蛇，目前仅见于巴巴多斯的马提尼克群岛和西印度群岛中的圣卢西亚。在所见到的 8 条蛇中，2 条最长的蛇身长都是 10.8 厘米。

最重的蛇，是分布于南美赤道地区和特立尼达的蚺蛇，重量几乎是同样长度的网纹巨蟒的两倍。1960 年，生活在巴西的一条雌性蚺蛇被打死，它身长 8.25 米，身围 1.12 米，当时没有称重量，但据计算可能接近 227 千克。成年蚺蛇的平均长度为 5.6 ～ 6 米。最重的毒蛇是分布于美国东南部的东部菱形背纹响尾蛇。有一条经测量的蛇，身长 2.4 米，体重 15.4 千克。这种蛇成年时平均长度为 1.5 ～ 1.8 米，重 5.4 ～ 6.8 千克。分布于美国西南部的西部菱形背纹响尾蛇在形体上仅次于东部菱形背纹响尾蛇，其身长为 2.3 米，重 11 千克。分布于赤道雨林的西非加蓬蝰蛇体积也许超过上述响尾蛇，其平均长度只有 1.2 ～ 1.5 米。有一条长 1.8 米的雌性加蓬蝰蛇重 11.3 千克，另一条长度为 1.7 米的雌蛇空着肚子时的重量为 8.2 千克。

陆地上速度最快的蛇是分布于非洲赤道东部的细长的黑曼巴。这种蛇在平地上冲刺的速度可达 16 ～ 19 千米/时。

陆地上最毒的蛇是体长 2 米、身无鳞片的

▲ 蟒蛇

内陆太潘蛇,它分布于澳大利亚新南威尔士西部和昆士兰州恰纳尔县境内达门蒂那河、库帕尔河流域盆地内。从一条这样的蛇身上挤出 0.1 克蛇毒,就足以杀死 12.5 万只老鼠。海蛇的毒性是于澳大利亚太潘蛇的一百倍,它多在澳大利亚北部帝汶海中阿西姆暗礁附近出没。

世界上最长的毒蛇是眼镜王蛇,也叫树神,分布于东南亚和菲律宾一带,成年的眼镜王蛇平均身长 3.7～4.6 米。1937 年 4 月在马来亚迪克森港附近捕获的一条眼镜王蛇,身长 5.53 米。后来这条眼镜王蛇在英国伦敦动物园长至 5.72 米。1939 年它丧生于战火之中。

蛇类中毒牙最长的蛇是分布于非洲赤道地区毒性极高的加蓬蝰蛇。一条长 1.83 米的这种蛇,其毒牙长 5 厘米。1963 年 2 月 12 日在美国宾夕法尼亚州费城动物园内,一条加蓬蝰蛇由于极度紧张,将其毒牙刺入自己的背部,内损伤了体内器官而死去。当时报道说,这条蛇是死于自己的毒液,其实这是不正确的。

经过展开卓有成效的保护活动以及人工孵养,郎德岛上的脊印蟒蛇已不再是世界上最稀有的蛇了。目前,世界上最稀有的蛇是仅见于西印度群岛圣卢西亚附近玛丽亚岛上的圣卢西亚游蛇。据英国东伦敦大学的戴维·科克博士估计,1989 年这种蛇的总数不足 100 条,并且一条圈养的也没有。郎德岛蟒蛇在过去 40 年间只捕获过 2 条,我们只是通过这两条蛇标本才对它有一些了解。也许这种蛇目前已绝种了。

我国蛇的种类也比较多,有体型最大的毒蛇——眼镜王蛇;有最毒的蛇种之一——尖吻蝮;有最大的蛇——蟒蛇。

眼镜王蛇,又叫"过山风",形似眼镜蛇。

尖吻蝮蛇是一种剧毒蛇,也是我国特有蛇种,土名五步蛇、百步蛇。意思是被它咬伤后,走五步或百步就会死掉。尖吻蝮的口腔前端上颌骨上有一对长而略弯的管牙,这就是毒牙,其毒液的毒性虽比银环蛇稍弱,但排毒量却比银环蛇多几倍,给被咬者的生命造成极大的威胁,若不及时抢救则很快死亡。尖吻蝮多生活于山区、丘陵等林木茂盛的阴湿地方,平时盘曲成圆形,头枕于中央,吻尖朝上,如遇惊扰则注视发出声响的地方。但它的眼睛视力很差,是个近视眼,有些地方还给它起了个"瞎子蛇"的绰号。那么它是怎样捕食的呢?原来属于蝮亚科的蛇类在头部两侧的鼻孔与眼之间各有一个小坑叫做"颊窝",这个小小的颊窝是蛇的特殊感觉器官,这个器官在一定的距离内能感知比周围气温略高或略低的物体,其精确度可察觉出与环境气温只差 0.003℃ 的变化。不仅如此,还能准确无误地确定出发射热线物体的位置,所以人们把颊窝又称作"热测位器"。尖吻蝮就是靠它发现、捕食或抗击敌人的。

毒蛇趣话

　　如果你漫步新德里街头，不时会被阵阵笛声所吸引。原来是耍蛇人正在吹奏蛇笛，驱使一条条大眼镜蛇欢腾"起舞"，它们时而昂首望天，时而左右摇曳。

　　早在公元前3世纪，驯蛇在印度就已是一种公认的职业。在新德里郊区有一个耍蛇人居住的村子——玻伯罗。这里的耍蛇人从童年起就开始学耍蛇，按照他们的习惯，当一个男孩长到了五六岁时，就被允许开始接触蛇，并使他认识到耍蛇是他的终身职业。

　　音乐和蛇构成了耍蛇人的传奇故事。"蛇笛"实际上不是普通的笛子，而是一种芦笛模样的乐器，通常是用一个葫芦、两根竹笛，有时再加上一根铜管制成。蛇没有外耳，它听声音不同于一般的脊椎动物。对于了解这个道理的人说来，蛇笛音乐的魅力就不那么大了。因此，一个学耍蛇的年轻人，起初不应依赖音乐，而应靠他的身体的活动与蛇互通信息。眼镜蛇只要稍受威胁时，就会直立起和胀大它的头。因此哪怕是一个小小的恐吓，都会有很大的魅力。耍蛇人奏乐前，常常先在蛇身上洒一点冷水，给蛇一个信息；吹奏时，他把蛇笛放低，刚好从蛇身上掠过。这样，从笛管末端吹出来的气，正好吹到蛇背上，这通常就会引蛇直立起来。

　　虽然玻伯罗的耍蛇人没有拔掉眼镜蛇的毒

▲ 毒蛇

牙（在印度其他一些地方和巴基斯坦的耍蛇人是把蛇的毒牙取掉的），但几百年来，有一种外科手术可以使蛇咬人而不致使人丧命。但这通常会导致蛇的早亡，耍蛇人为维持生计，就得去捕捉新蛇。

耍蛇人捕蛇，通常是几个人一起去，出发前聚在一起抽烟，烟管由一个传给另一个，每个参加者都喷出团团烟雾，接着，便拿起棍、锹和笼子出发。

布满了洞的泥水沟或稻田田埂，是捕蛇人常到的地方。他们沿着水沟或田埂边缘搜索蛇的行踪。一旦发现蛇，不管它怎么拼命逃窜，或怎么咄咄逼人，捕蛇者总是千方百计地使蛇就擒。

耍蛇人长年同蛇打交道，难免被蛇咬伤。这时，药篮子就发挥作用了，里面有草药和动物的某一部分制成的药。对于耍蛇人来说，在这药篮中有一种最重要的药，叫做杰哈·英罗，呈黑色、圆形，指甲般大小。据说，人们为获得这种药，就得到山里去抓黄色的蟾蜍，把这种蟾蜍杀了，撒上盐，埋入地下，过 4 ～ 7 天后挖出来，这时蟾蜍已变成黑色，从它身上切下来一小片就可当蛇药。

《 被毒蛇咬死人最多的地方 》

在斯里兰卡，死于蛇咬伤的人比世界上其他任何地方都多。在这个岛上，平均每年被蛇咬死的达 800 人，其中 97%的人是被普通的环蛇、斯里兰卡眼镜蛇和拉塞尔氏蝰蛇咬死的。

不过，蛇毒可是个宝。近几十年来，随着生物学的发展，国内外对蛇毒的研究和利用日渐广泛，蛇毒在国际市场上的"身价"也随之扶摇直上，甚至达到 20 倍于黄金的价格，这主要是蛇毒在医用上有令人惊叹不已的功效。

在人们的想象中，取蛇毒者一定像蛇岛探险中的科学家那样全副武装——头蒙面罩、足蹬长靴、手戴手套。但事实并非如此。尽管以木为框、以铁丝网为壁的蛇箱里游动着几千条剧毒的蝮蛇和眼镜蛇，他们不但不蒙面罩、不穿长靴，甚至连手套都不戴。只见他们极其娴熟地用钳子夹住蛇的后颈，然后掐住蛇的腮腺部位，让蛇咬住玻璃器皿，毒蛇便滴出极其微量的毒液。可别小看这一小滴毒液，它足可使一头大象丧生。

蛇毒的挤取间隔时间一般不少于两周。挤取的方法除了前面提到的最为常用的"咬皿法"外，还有挤压、研磨和电极刺激等。新鲜蛇毒是略带腥味的黏稠液体，它的颜色因蛇种类的不同而不同，有淡黄、金黄、灰白等颜色。蛇毒在一般室温下只能放置一天，而经真空干燥的蛇毒结晶则能保存 10 年之久。

蛇毒成分相当复杂，主要为蛋白和多肽，还有 10 多种酶和神经毒、血液毒和混合毒等各种毒素。

蛇毒的应用很广泛。应用免疫学原理制造的抗蛇毒血清，可中和蛇毒，挽救蛇伤者的生命；它具有良好的镇痛作用，是治疗三叉神经痛、坐骨神经痛、小儿麻痹后遗症、关节炎、癫痫等的良药；用蛇毒制成的镇痛针剂，与哌替啶、吗啡等传统镇痛针剂相比，具有镇痛作用时间长，长期注射无副作用等优点；蛇毒还可以治疗静脉血栓栓塞、冠心病、心血管病等。蛇毒中的酶类还能帮助消化，增加食欲。

更能引起人们兴趣的是：蛇毒能治癌。我国已研制成治疗早期消化道癌肿的注射剂，有效率达 70%以上。上海一家医院试用口服蛇毒胶囊治癌，病人普遍反映有疗效，能起到缓解、减轻症状、增加食欲等作用，有些甚至能缩小肿块，对临终的晚期病人也有明显减轻痛苦的功效，服药有效率达 70%左右。

蛇的冤家对头

有一天晚上，印度新德里南部的警察采取了一个不寻常的行动——抓住了一条两米多的眼镜蛇，这条蛇咬死一名住在内布·沙雷的 35 岁的男子之后一直缠在受害者的身上，直到警察赶到之后，人们才敢碰它。警方说，他们接到报案，一条大蛇守着被它咬死的男子并且不许任何人靠近这座位于内布·沙雷地区的农舍。

被咬死的人名字叫波耶·雅代夫，他在几天前曾杀死过一条眼镜蛇，所以他的邻居们觉得这条眼镜蛇咬死这个人并守在原地的行动是为其同伴报仇的，因为眼镜蛇并没有碰睡在雅代夫旁边的另一名劳工维杰。警方说，雅代夫和维杰当晚在他们干活的农场的一间农舍中睡觉，忽然雅代夫觉得什么东西在他的腋下蜇了一下，他们两人都醒了。据说，雅代夫在伤口处涂了些油后接着睡了。第二天早晨，维杰发现这条眼镜蛇守着雅代夫的尸体，很吓人。由于它拒绝离开，所以当地人只好报警。一队警察立刻赶赴出事地点，警察用棍子打死了这条眼镜蛇，救出了雅代夫的尸体，然后送往医院去解剖检查。

> ### ❮❮ 刺猬斗蛇 ❯❯
>
> 刺猬像是一只带刺的硕大的板栗，它斗蛇全靠"坦克战术"：缩头静观，突然咬蛇一口，蛇反击，则嘴被刺猬扎出血来。反复几遭，蛇就被搞得鲜血淋漓了。

不过，人们在长期的实践中，研制出一些对付银环蛇行之有效的蛇药。首当其冲的是银环蛇抗毒素。说来有趣，这种特效药还是用银环蛇毒制成的哩。

蛇毒是致人死命的元凶，何以却能制成蛇伤灵丹妙药呢？

原来，许多动物具有一套抗击入侵者的"防卫队伍"，因此对不太强大的入侵之敌大多能够对付，对蛇毒也不例外。可是，像毒蛇咬人时

▲ 刺猬

那样，一下子注入大量毒液，就难以应付。不过，这支"防卫队伍"却可以进行定向锻炼，把它逐步培育成用于专门抗击某一种蛇毒。

由于马这种动物个儿大，血液多，所以人们就在马身上来"训练"这支专门对付银环蛇毒的"卫队"。办法是：从少到多地逐步注射蛇毒到马身上，使它体内产生足够强大的"卫队"，再取出马血将其提炼。为了减低蛇毒的毒性，而又能起到蛇毒作为训练"卫队"的靶子的作用，通常首先用甲醛处理一下蛇毒。

用银环蛇毒经上述方法制成的药，名叫银环蛇抗毒素。因为这种东西取自马血，不是人体内固有的，如果直接注射，势必和人体内的组织器官火并，甚至危及生命。所以，在制造过程中，还用蛋白酶把这种抗毒素的分子切割成小个儿。这样一来，分子缩小为原来的一半，而效果却提高了3倍。

银环蛇毒抗毒素专门找银环蛇作对手，是银环蛇的冤家对头。要是被蛇咬之后，能尽快注射，它一旦进入人体，就穷追猛打，和蛇毒一拼到底，迅速显现奇效。作为祸根的蛇毒被干掉了，险情也就立即解除了。

毒蛇的另一个冤家对头是半边莲。

在空旷湿润的草地上，在田基边或路旁，我们常常能看到一种铺地而生的小草，它细长的叶子像宝剑，绿色的剑叶衬托着一朵朵淡红色的小花，玲珑可爱。这些花，外形似莲花，粗心的人看它是完整的，细心的人看它只是半边，因此，人们给它起了个与众不同的名字叫"半边莲"。

半边莲的名字最早见于明朝李时珍著的《本草纲目》，又名"急解索"。

"识得半边莲，不怕共蛇眠。"这话对半边莲的药用疗效评价这么高，自然有点过分。但是，半边莲单用或与其他药配用，主治毒蛇咬伤，功效显著，确是事实。在《毒蛇与毒蛇咬伤的急救》一书中，就有这样的记载：取新鲜的半边莲全草90

▲ 半边莲

克，加水浓煎300毫升，日分3次服。同时取新鲜的全草适量，洗净，与雄黄共捣烂敷伤口周围，每日一换，可治吹风蛇和青竹蛇咬伤。

半边莲的茎、叶被折断后，当即流出一种乳白色的汁液。据说，凡有折断了的半边莲的地方，蛇是不敢爬过去的。你看，小小一棵草竟能使毒蛇失魂落魄，使蛇伤者解除灾难，这真是大自然中的奇迹！

动物界中也有不少毒蛇的冤家对头，正应了一句俗谚——"强中自有强中手"。

老鼠在冬季趁蛇体难以动弹而把眼镜蛇咬得千疮百孔，天暖时多只老鼠联合起来也可将竹叶青蛇置于死地；蛙联合斗五步蛇的事在山野里时有发生，而稚蛇被成年蛙当作蚯蚓吞食也并不稀奇。

比起两米多长的眼镜王蛇，红颊獴的个儿头实在相差悬殊。可是，獴是绝不会甘拜下风的。对峙过程中，蛇竖身鼓脖，"噗噗"喷气有声，獴则竖起身上的毛来像是穿着一身翻毛大衣。开始时，蛇会向獴发起猛攻。可是獴总迅速跳开，待蛇的体力耗尽，獴才爪抓嘴啃地把蛇头咬个稀巴烂。这中间，獴失手被蛇咬中的事也有，可是咬到的只是一撮毛罢了。

两栖动物中的"巨人"——娃娃鱼

　　娃娃鱼又叫大鲵，是我国体型最大的两栖动物。它虽有"鱼"之名，却不是鱼，隶属于两栖纲的有尾类。从生物进化的观点来看，是从水中生活的鱼类演化到真正陆栖的爬行动物之间的过渡类型。它有四肢，用肺呼吸，但由于肺发育不完善，因而也像青蛙一样，需借湿润的皮肤进行气体交换，以作辅助呼吸，所以大鲵必须生活在水中或水域附近。

　　大鲵是两栖动物中的"巨人"。它比起其他两栖动物，无论是蛙类、蟾类、鲵类或蝾螈类，都大得没法比。成年的大鲵，身长 60 ～ 70 厘米，体重 10 千克左右，并不罕见。身长超过 1 米，体重达 20 千克的，也曾发现过。偶然还有身长 2 米左右，体重超过 50 千克的超级巨鲵。前些年，在湖南桑植县曾捕到一条长 3 米多、重 73.5 千克的巨鲵。据研究，一条大鲵需要 20 年才能长到 75 ～ 80 厘米，那么，一条长达

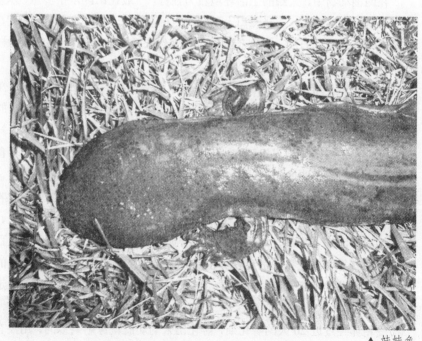

▲ 娃娃鱼

一米甚至两三米的巨鲵，得多少年啊！

大鲵的分布非常广泛，黄河、长江及珠江中下游的支流中都有它的踪迹，遍及17个省（区）。大鲵在我国2200年前已有记载，所以很多古书中也提到：鲵有四足，如鳖而行疾，有鱼之体，而以足行，声如小儿啼，大者长八九尺……由此可见，大鲵的形状和生活习性早已为我国人民所熟知，娃娃鱼之名也一直传到今天。此外，还有人认为，大鲵有四条又短又胖的脚，特别是前脚连同它的四个指头很像婴儿的手臂，后脚有五趾，这是称它做娃娃鱼的又一个理由。

《两栖动物中寿命最长的大鲵》

大鲵主要以蛙、鱼、蛇、虾以及水生昆虫为食，它的忍饥挨饿的能力很强，在清凉的水中两三年不进食也不会饿死。大鲵的寿命在两栖动物中也是最长的，在人工饲养的条件下，能活130年之久。

大鲵不仅体大，样子也长得丑。它有一个又宽又扁的大头。头和身躯一样，看不出头和身躯的分界。头顶上长着两只很小的鼻孔和一对绿豆大的眼睛；一张宽阔的大嘴，嘴里密排着锋利的小齿，身躯和头一样扁，体侧有纵行的皮肤褶，尾侧扁，尾端呈圆形，长度约占身长的1/3。全身皮肤光滑湿润，在水里黑油油的颜色很深，其实以棕褐色为主，但有较多的不规则的乌褐色斑。

在两栖动物中，大鲵的生活环境较为独特，一般在山区水中多鱼、水质清凉、石缝和岩洞多的溪流中，选择滩口上下洞穴内栖息。白天常卧在洞里，夜间出来捕食。它常守候在滩口乱石间，发现猎物经过时突然张开大嘴囫囵吞下。鱼、蛙、蟹、蛇、虾及水生昆虫等，都是大鲵的盘中餐。

大鲵虽然分布于水温很低的山溪中，不怎么怕冷，但也有冬眠的习性。每年由初冬到来年开春，大约有4～5个月是卧在洞内休眠的时期。这时，它的新陈代谢变得很缓慢，可以不吃不动。4月份出洞后，至少有两个月拼命加餐，以补足冬眠时期的亏空。大鲵既善于忍饥耐寒，可以几个月不吃东西，但又是一个暴食者。据说它饱餐一顿，体重能增加1/5。大鲵还有同类相残的习性，当食物缺乏时，个儿大的便会残食个儿小的。由于同类相残，所以有些地方又称它为"狗鱼"（狗咬狗）。

大鲵一般在5～8月产卵，它的繁殖很有趣，产卵前先由雄鲵用头、足和尾巴把"产房"清扫干净后，雌鲵才进去。产卵多在夜间进行，一次可产数百枚。雌鲵产完卵后就算完成任务而溜走，卵由雄鲵监护。雄鲵也确实是很负责任的父亲，它常把身体弯曲成半圆形，将卵围住，或把卵带缠绕在身上，以防被水冲走和敌害的侵袭。

受精卵经过近20天的孵化期，孵化出来的幼鲵就像蝌蚪似的，用没有鳃盖的鳃呼吸。5～6年后才长大，改用肺呼吸。它在水中稍稍把头一抬，头顶上的细小鼻孔就露出水面了，它深深地吸一次气，再潜入水中，待上 1～2 个钟头以后，才出来换气。

大鲵的天敌是黄鼠狼等小型食肉动物。双方一旦遭遇，它就用锋利的牙齿、粗壮的四肢、有力的尾巴进行自卫。如果还不能脱身，它就"哇"的一声把胃里的臭鱼烂虾朝敌人喷去，吓得敌人会立刻跑掉；或者趁敌人抢吃这些"残羹剩饭"的时候，它便溜之大吉。如果被敌人一口咬住，脱不了身，它还有最后一招，从颈部毛孔分泌出一些黏糊糊的白色毒汁，弄得敌人口舌甚至全身都不舒服，只好把它放开。

大鲵是一种珍贵稀有的动物，被国家列为二级保护动物。它不仅在研究动物进化方面有重大的科学价值，而且也具有很大的经济意义。它肉味鲜嫩，是名贵食品。同时，它作为药用对贫血、霍乱、痢疾、疟疾等都有一定的疗效。

大鲵的分布区广，很难防止人们的乱捕滥猎。从 20 世纪 70 年代起，湖南、湖北、陕西等省，突破了亲鲵培养、激素催产和受精孵化三道难关，孵化出一批批幼鲵，实现了人工繁殖。

滋补山珍——蛤蚧

蛤蚧，属蜥蜴类爬行动物，生长于亚热带的石山中，形似壁虎，头呈三角形；皮肤粗糙多棘突，皮色一般深灰；背有鳞，呈绿色和红色的斑点；趾有吸盘，因此善于"飞檐走壁"，能在光滑的石头上或天花板上奔跑自如。生性十分机灵，每当遇到敌害袭击，它会使尾巴突然断离，断下来的尾巴在地上蹦跳，分散敌害的注意力，而蛤蚧却逃之夭夭了。

蛤蚧由于其雄性能发出"蛤—蚧，蛤—蚧"的叫声而得名。在繁殖季节，它们的叫声尤其频繁而响亮。当山崖峭壁上的蛤蚧发出啼叫时，声闻数里，萦绕山间。

蛤蚧生活于石山岩隙、树洞或墙壁上。它们昼伏夜出，出来后静静地守候着，当猎物从它面前通过时，那灵巧的舌头像箭一样射出又缩回来，把猎物吞进肚子里。蛤蚧喜欢吃蚊子、蜚蠊、蚱蜢、蟋蟀、金龟子等，也吃小蛇和雏鸟。

夏末秋初，蛤蚧最为肥壮，是捕捉的适宜时期。当你确定岩洞中有蛤蚧后，用一条细软的小藤条轻轻伸入洞内，胆小的蛤蚧以为是敌害来袭，便发出"蛤—蚧，蛤—蚧"的惊叫声，拼命咬住藤条不放。这时，将藤条慢慢拖出，用铁钳夹住它的颈部而捕取。也可将一团毛发或马尾扎在竹竿的一端，伸入洞内轻轻摆动，蛤蚧误认为是飞来的昆虫，便张开大嘴把毛发或马尾咬住，结果，蛤蚧那细小、锐利的牙被毛发缠

▲ 蛤蚧

住，便可将其拉出洞外。夜间，用灯火照射，蛤蚧见光而不敢妄动，也可乘机捉获。

蛤蚧含有丰富的动物淀粉和蛋白质、脂肪，是一种名贵的滋补品。明代李时珍所著《本草纲目》中已有记载："药性咸温，补肺润肾，益气助阳，治渴通淋，定喘咯血，气虚咯血，气虚血竭者宜之。"蛤蚧除常见于中医药方中作为补肺平喘、补肾壮阳药物，用以治疗久喘不止、肺痨咯血之外，还可用鸡及肉等和蛤蚧一起蒸、炖食，作老年、体弱、大病初愈者保健强身之补品。以蛤蚧浸酒饮，对治疗肾虚体弱、腰酸背痛、神经衰弱也有很大的效用。把它制成蛤蚧干，以及以蛤蚧为原料，配以数种中药精制成"蛤蚧精"等，是高级营养滋补强身剂。

《《 广西蛤蚧 》》

广西蛤蚧分布于桂林以南，尤以南宁、百色地区，多石山，冬无严寒，林木常青，昆虫繁多，所以蛤蚧也最多。近年来，已在宜山、藤县、大新等县人工饲养成功。

据记载，蛤蚧"其药力在尾，尾不全者无效"。无尾者不入药。由于蛤蚧是滋补珍品，市场上供不应求，常有以壁虎、蜡皮蜥等伪品冒充。所以，要想辨别真伪，必须掌握它们的特征。

蛤蚧头、尾、四足及体腔用竹片撑直呈扁平状。头及躯干部长 10～18 厘米，尾长 10～14 厘米，腹背部椭圆形，宽 7～11 厘米。头大而扁，略呈三角形，眼大凹陷成窟窿，口内二颚密生尖锐细齿，无大牙。体灰黑色，腹部银灰色，有圆形似珍珠状的小鳞片，显光泽。全体有红棕色稀疏散在的斑点，脊椎骨棱状突起，节清晰，肋骨可见。四足有吸盘。尾上粗下细，有数个黄棕色环斑，质结实，中部骨节稍突起。气腥，味微咸。以体大、尾全者为佳。

壁虎，形状似蛤蚧而体小，头及躯干约 7 厘米，宽约 4 厘米，尾长约 6 厘米。体灰褐色，腹部黄白色，鳞片极小，密布黑色微小的斑点，骨多外露于腹边两侧，口多闭合，有细齿。尾较细小，具数个灰棕色环斑，四足有吸盘。

蜡皮蜥，头及躯干部长 10～15 厘米，尾长约 13 厘米。头小略呈三角形，口内密生细齿，上下颚各有大牙一对。脊背部较窄，灰棕色，有灰黑色和红棕色相间的圆形花斑，腹部黄白色，无斑纹。尾灰黄色，上部粗大，中下部细长，有剪割痕迹。全体有细棱鳞。四足与鸟爪相似，爪尖细长，无吸盘。

根据它们各自的一系列特征，相信无论活的或者干的蛤蚧和壁虎、蜡皮蜥，都不难把它们区别开来。

蛤蚧已列为国家二级保护动物，应予以保护和进行人工饲养。

冬眠与避暑

秋去冬来，天气渐渐转冷，这时如果你有机会走进大自然，你会发现，原来那些饶舌、好动的动物，如昆虫、青蛙、蛇、蜥蜴、刺猬、蝙蝠等，都销声匿迹了，见不到它们的踪影了。到底它们去哪里了呢？原来它们为了生存，适应自然，天气开始变冷以后，都各自躲到自己的越冬场所里去了，它们在那里不吃也不动（或很少活动），像死去了一般。这就是动物冬眠的开始。

动物用暂时停止活动或把生命活动降低到最低限度的方法，来度过寒冬腊月。北风呼啸，草木凋零，食物奇缺的冬天，冬眠是动物适应自然的一种表现。在冬眠期，它们概不进食，也不活动，体温降低，新陈代谢机能下降，消耗功能几乎停止，随着外界气温的继续降低，冬眠程度也逐渐加深，最后完全陷入沉迷状态。这时它们的心脏收缩强度大大减低了。例如蝙蝠冬眠时，心脏收缩每分钟仅 16 次，而醒时是 420 次！

冬眠的动物看上去双目紧闭，但绝不是一觉睡到明年春天。一般整个冬季它们要醒来几次，以补充营养，然后再睡。而蛙类动物冬眠则不吃不动，全靠体内贮存的能量，以至完全耗尽体力为止。有趣的是蛇在冬眠期间，还常常醒来出洞外晒太阳。

冬眠一般是一个冬天，但也发现一只青蛙惊人地休眠了 200 万年。1946 年 7 月，一位石油地质学家在北美墨西哥石油矿床里发现了一只休眠的青蛙，掘出后活了两天才死去。经研究表明，矿床是 200 万年前形成的，青蛙绝不可能在矿床形成之后钻入 2 米深的矿层中，一定在矿床形成前就在里面了。1782 年 4 月 16 日，美国著名科学家富兰克林在巴黎近郊打猎时，看到一位采石工人在 4～5 米深的石灰岩层里挖出 4 只蟾蜍。它们各有自己的窝，内表面有一层松软的黄土，挖出来时蟾蜍还会活动。形成的具体年代已无法考证了。

为了揭开动物冬眠之谜，科学家们做了大量工作。1968 年 3 月，美国的道尼和斯普端尔合作，从一只正在冬眠的黄鼠身上抽出血，给一只没有冬眠的黄鼠注射，结果这只黄鼠几天之后就在 7℃ 的冷房中进入冬眠。他们又从这两只黄鼠身上抽血注入另外三只没有冬眠的黄鼠身上。发现这三只黄鼠也很快进入冬眠。学者们认为，在冬眠的黄鼠血液中一定含有能诱发冬眠的"诱发冬眠素"，用此方法给鱼做实验，也得到了同样的结果。

不少野生动物用冬眠来度过寒冷的冬天。夏季，它们在体内积贮脂肪，一到冬天，便在洞穴中睡大觉。奴氏斑羽夜莺冬眠时睡得最酣，你即使把它颠倒摆弄，也弄不醒它。它在沉睡时，体温降到13℃，心脏跳动微弱到几乎听不到，最低限度地消耗体能。

蛙类的冬眠则更惊人，有时8天都不呼吸一次，简直和"死"了一样。待到冰雪融化时，它们就从梦中醒来，恢复生机。

动物越冬期间不吃东西，它怎么能活下去呢？原来，这些动物在进入冬眠以前，就做好了过冬的准备。一方面，它们在冬天到来之前就拼命地大吃大喝，使体内的皮下脂肪快速增加，把自己养得又肥又胖，以备冬眠消耗之用；另一方面，积极筹备"粮草"，把一些小动物、昆虫、干草之类的东西放在洞内，作为过冬的"口粮"，这样就可以高枕无忧地过冬了。过了冬天，到春暖开始时又恢复活动，交配产卵繁殖后代。

某些动物的冬眠，已是人所共知的了。可是你如果有机会去热带旅行，你一定会发现，生活在热带的蛇、壁虎、鳄鱼、肺鱼以及草原龟等动物却在炎热干旱的夏季进行休眠——动物学上称为"夏眠"。这不太奇怪了吗？一点也不奇怪。当热带炎热干旱的季节到来时，因为长时间不下雨，池塘可能会全部干涸，那些动物赖以生存的条件已不复存在，为适应外界环境继续生存下去，它们也同严冬的熊一样进入了昏睡状态，以求度过炎热干旱的夏季。

▲ 肺鱼

在非洲，热带草原地区干湿季节明显。每当干旱季节到来时，植物都枯黄了，很多非洲动物就用睡眠来对付夏季。

两栖动物中也有需要夏眠的。有一种奇特的鱼——肺鱼，它生活在非洲、美洲和澳大利亚的江河里，既有鳃，还有肺，这种鱼长约1～2米，身上披着覆瓦状的鳞，背、尾和臀连在一起，胸鳍和尾鳍有的像带子，有的像叶子。一到夏季，肺鱼就钻进了泥里，把整个身体蜷曲起来，直到尾巴弯到头部为止。肺鱼夏眠时间较长，能连续几个月不吃不喝。

▲ 非洲的蜗牛

沙特阿拉伯的大沙漠中有一种蝰蛇，到了大热天，它将整个身子隐埋在沙子中，沙面上仅露出两只眼睛，一面避暑，一面等待猎物上门。

非洲大沙漠里的蜗牛，每当盛夏来临，它就缩进壳内，钻到沙砾中睡大觉，等到天气转凉时，才从沙中爬出来活动。

南非有一种奇特的树鱼，到了夏天，它就爬到树上阴凉处，睡上两个月，以度过酷暑。

青蛙和蟾蜍相同又相异

青蛙和蟾蜍虽然同属于两栖动物，但在形态上有很大的差异。不过，超过两栖动物共性80%的青蛙和蟾蜍，却有着许多不同的特征。

比较起来，由于青蛙的外表要比蟾蜍的外表好看，人们总是偏爱青蛙，而对外表丑陋的蟾蜍，人们有说不尽的厌恶。不过话又说回来了，我们千万不能"以貌取人"。青蛙只能跳跃，而蟾蜍除了跳跃之外，还会爬行，且相当灵活呢！在捕食方面，青蛙只有在保持蹲坐姿态的时候，飞行的昆虫才会引起它的注意，并做出一系列的机械动作：身体前倾、张大嘴、伸舌头等；可是蟾蜍却不是这样，它们的视力似乎比青蛙强得多，蟾蜍在爬行的时候也能捕食猎物，连一些不会动的小虫子都逃脱不掉它的火眼金睛。

在呼吸方面，它们之间的差异就更大了。青蛙有一对适于在陆上呼吸空气的肺。肺呈简单的囊状，壁薄，肺壁的内侧有增大呼吸面积的隔膜网，所以肺的内表面呈蜂窝状。肺上布满着毛细血管，气体交换就在这里进行。两栖类动物没有胸廓，所以肺的呼吸动作很特殊。首先，青蛙张开鼻孔并落下口底，这时，口腔的容积增大，气压减小，因此外部空气通过鼻孔进入口内。接着，鼻孔的瓣膜关闭，口底上升。这时，口腔的容积缩小，气压增大，口内的空气进入肺中，这就是青蛙的吸气。当鼻孔瓣膜开放（口底处在上升状态），由于肺有弹性，所以肺中空气被压排出。这是青蛙的呼气。

青蛙的表皮内有许多多细胞的腺体，下陷的真皮里能分泌大量黏液，所以表面很湿润。氧气先溶于湿润的表皮，然后渗入真皮中的毛细血管而进入血液。青蛙的皮肤不但在陆地上可辅助肺的呼吸，在水中也有适应作用。

> **《 花背蟾蜍 》**
>
> 雄蟾体长57毫米，雌蟾为59毫米左右。其适应能力强，在海拔500～2700米均有分布。能栖息在半荒漠地，经常钻入土洞、石穴中。捕食地老虎、蝼蛄、蚜虫、金龟子等多种昆虫及其幼虫。

蟾蜍居住在远离水边的潮湿陆地上，只有在生殖时才进入水中。它是居住在田间的典型的两栖类动物。蟾蜍的皮肤比青蛙粗糙，上面生有许多瘤突，能分泌毒液，在眼后的皮肤里，有一对凸出的毒腺，分泌毒液最多。毒液起到保护蟾蜍的作用。毒液进入肉食动物的血液中后可以使其中毒，像猫、狗这样大的动物也会因中毒死亡。肉食动物不捕食蟾蜍，就是这个道理。蟾蜍由于经常生活在潮湿的陆地上，所以皮肤比青蛙稍微干燥些，角质层也增厚，这样可以减少一些体内水分的蒸发，但也因此影响了皮肤的呼吸，而促进了肺的发育。蟾蜍的肺比青蛙大些，每个肺叶的后端常连有一条延长部分，肺的结构也比青蛙复杂，隔膜增多，有突起，增大了呼吸面积。

我们常见的除大型蟾蜍外，还有一种花背蟾蜍，又叫小蟾蜍或小癞蛤蟆。它的身体比蟾蜍小得多，生活在池塘或溪水的岸边，有时也会在墙角或草原上发现它们。

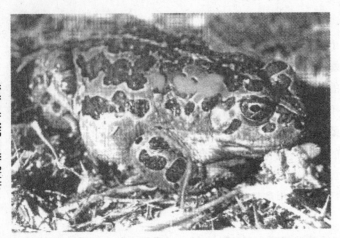

▲ 花背蟾蜍

蟾蜍和花背蟾蜍都是有益的动物。它们能在黄昏或夜间消灭大量害虫（这时很多食虫鸟类正在休息）。蟾蜍还能捕杀其他鸟类不能捕杀的害虫。

青蛙和蟾蜍都长有一个无尾的蹲状躯体，一双强劲有力的后腿，而它们的前肢都比较短，还长有两个脚趾，眼睛也相同：同样大，同样凸出，一样能引起人们广泛的关注。它们大多居住在陆地或靠近陆地的地方，捕食移动迅速的动物，尤其以昆虫为主要食物。

在早些年间，生物学家为了研究并考验蟾蜍的生存能力，他们做了这样一个实验：给一只饥饿难耐的蟾蜍喂食各种各样的昆虫。由于十分饥饿，蟾蜍吞食食物的速度非常快，但是，当它把一只带毒的蜈蚣吞下去的时候，它马上开始剧烈地呕吐，不一会儿，就把蜈蚣吐了出来。

当生物学家再次把蜈蚣喂给它吃的时候，无论它有多么饥饿，也不会再吃了。其实，正是靠着这样一种学习和获取经验的能力，才使它们能在危机四伏的自然界游刃有余地生活，并世代繁衍下去。

动物"运动员"

速度最快的蜥蜴。1941 年在美国南卡罗来纳州麦科米克附近测量的一只身上有 6 条道的鞭尾蜥的速度为 29 千米/时。这也是所有陆地爬行动物中最快的速度。

速度最快的龟。大西洋棱皮龟受惊吓时的速度可达 35.4 千米/时，这也是爬行类动物在水中的最快速度。

潜水最深的龟。1987 年 5 月，据斯考特·埃克尔特博士报告，一只身上带有压感记录器的棱皮龟在西印度洋群岛所属维尔京群岛沿岸的海水中下潜深度达 1211 米。

速度最快的蛇。陆地上速度最快的蛇也许是产于非洲赤道东部的细长的黑曼巴。据说，这种蛇在平地上短程冲刺的速度可达 16 ～ 19 千米/时。

跳得最远的蛙。蛙类跳远的成绩总是以其连续三次跳出的距离计算的。蛙类三级跳远的最高纪录是 10.2 米，这是一只名叫"桑蒂耶"的雌性南非尖鼻蛙于 1977 年 3 月 21 日在南非纳塔尔举行的蛙类比赛中创造的。

速度最快的腹足纲软体动物。陆地蜗牛中行动速度最快的品种是普通的庭园蜗牛。1990 年 2 月 21 日，在美国密歇根州普普利苇斯的西方中学，一只名叫"维尼"的普通庭院蜗牛以 2 分 13 秒钟爬行了 13 米。

▲ 袋鼠

速度最快的袋鼠

有袋目动物速度的最高纪录是64.36 千米/时，创造这一纪录的是一只雌性灰袋鼠。一只大的雄性红袋鼠以 56.33 千米/时的速度跳完 1.6 千米后力竭而亡。

近年来，动物学家借助现代电子设备，经过艰苦细致的调查研究和反复测定，终于揭开了动物 100 米跑的速度之谜。

谁是动物百米大赛的冠军？猎豹，它狂奔 100 米，用时 3 秒 2。一位老司机曾经在美洲西部草原上开车同猎豹比赛过，他深有感触地说："猎豹奔跑速度实在惊人，它的四个蹄子简直像旋转的电风扇，根本无法看清楚。"

号称兽中之王的雄狮，也是动物短跑的俊杰，它跑完 100 米用时 5 秒 4。

大象看起来十分笨拙，然而年轻非洲公象若突然受惊，狂奔 100 米也只用 8 秒 5。

动物的起跑速度也是相当惊人的。一位摄影师在非洲原始森林拍摄到大猩猩的起跑初速度是每秒 14 米。金钱豹的起跑初速度也相当快，能与大猩猩媲美。不过狮、豹都是一股"冲劲"，捕不到猎物就善罢甘休了。

两栖动物找对象

用叫声吸引雌体

雄性青蛙过冬后都比雌性青蛙早几天来到水塘。几百只雄蛙会聚在一个小水塘里，雄蛙的呱呱叫声是在给雌蛙指引方向。

光信号的妙用

蝾螈在交尾时也采用化学方法，不过这种"香料"不是雌体分泌的。早春3～4四月间，这种有尾两栖动物离开了冬眠窠，去寻找水溪和池塘。通常比雌体早几天找到水域的雄蝾螈的身体，不仅比雌体色彩艳丽，而且通常背上带有一条冠状物。这条冠状物从头部一直延伸到尾部。雄蝾螈不是用眼睛去寻找和分辨性成熟的雌体，而是用它的鼻子。如果它在水里碰到另一只蝾螈，便用鼻子去碰碰它，从而确定对方是否属于同类。要是对方是雌性同类，它便在雌体的泄殖腔旁分泌出芳香的"嗅觉试样"，以便了解雌体是否已性成熟。如果是，这位求婚者便跳到雌体的前面，尾巴向前面弯曲，将它排出的"香物"对着雌体方向扇动，直到雌体向它靠近，并去嗅它的腹部。这时雄体很快退却，将腿微微伸向两侧，再以它独有的摇头摆尾的动作向雌体靠拢几步，并使尾巴往上弯曲，然后将身体平贴地面，排出一堆成 S 形的白色精液，雌蝾螈便用泄殖腔吸入体内。在整个"交尾"过程中，雌体和雄体的身体无丝毫接触。

搭桥求偶

大部分小动物配偶间的试探和互相接近，是毫不困难的和

▲ 蝾螈

平举动。可是在那些以捕食为生，不爱护同类的小动物中，雄体向雌体试探和接近时将关系到它们的生死存亡。因为雄体在表明自己的求偶意图以前，很可能被雌体当做战利品吃掉。为了从一开始就避免这种误会，很多以劫掠为生的昆虫及蜘蛛的求偶，完全以一种特殊的仪式进行。

在盛夏或初秋季节，性成熟的雄蜘蛛需寻找配偶。雄蜘蛛从蛛网的气味可辨别出该雌体是否已性成熟。雄蜘蛛先在虫茧上或树叶上排出精子，用胀大成柱形的腮触须将精液吸入。然后雄体向雌体的蛛网吐出一根蛛丝，将自己的身体悬挂在这根蛛丝上，用前腿以一种特殊的节奏拨动蛛丝。这"爱情之桥"上的振动被传到雌体的蛛网上。从特殊节奏的振动中，雌蜘蛛知道这不是自投罗网的战利品，而是一个要求交尾的同类雄体。于是它离开大本营，向

▲ 蜘蛛

雄体靠拢。然而雄体还是十分小心，它的身体后部拴着一根"保险索"，万一它的和平意愿遭到蛛网主人的误解，它便能立即脱险。当雌体离雄体还有"一脚之地"的时候，便突然头朝下悬挂在蛛丝上，这是向雄体示意她乐意交配。同时将腹部及生殖腔对着雄体，并一直保持这种姿势不动。这时雄体便顺着蛛丝快速向雌体爬去，将触须轮流地压入雌体的生殖腔，每次都放出一部分精子。休息几秒钟后又重复上述动作。

动物自卫有绝招

许多动物身上都有颜色，并且常会随着生活环境的变化而改变，这种与生活环境相似的颜色，对其自身能起到一种保护作用。

除了改变颜色外，各种动物也都有各自的自卫绝招。比如，有的善于奔跑，有的能释放"毒气"，有的使用牙齿或身上的"毒箭"，而有些动物则用"分身术"迷惑敌人，保护自己。

当你吃蟹或虾时，只要稍微留点心，就会发现有的蟹或虾的螯是（俗称蟹钳或虾钳）一大一小，与一般蟹或虾有所不同。这不是先天的畸形，也不是什么稀有的品种，而是由于意外的原因失去了一足，还未长成原来的大小的缘故。

▲ 壁虎

蟹的两只巨大的螯足虽然有"足"之称，却不是用来行走，而是一种进击或自卫的武器。一旦情况危急时，它便竖起来，张开那有力的钳形指节，将猎物或敌人死死地钳住。弱者会被它钳死，成为猎物而被"美餐"一顿。当遇到强大的敌人，螯足被抓住时，它的螯足和前足均可自动与身体断离，让敌人只注意断足，而它本身却来一个分身术逃之夭夭了。

蟹或虾很喜欢决斗，当一方在决斗中失利时，也会断掉一螯足。断掉的螯足或前足在折断处能自动"止血"，而且不久就会长出新的螯足。所以，大家看到的螯足一大一小，那小的便是刚长出的新足。

水螈、蛇、壁虎等，也都有这种残体自卫的本领。尤其是水螈，它被切成数段之后，每一段都可以像蚯蚓那样，长出新的完全的个体来。

许多科学家对这些动物的再生能力非常感兴趣，很想知道其中的奥秘。一旦这种"天机"被揭示出来，人类的断肢再生将会出现怎样的奇迹啊！

两栖动物的一生都处于主动觅食的状态，以此维持自己的生命。任何体态大小合适、活着的脊椎动物都是两栖动物的捕食的对象。比如说鱼、老鼠、蜥蜴、小鸟，以及其他两栖动物，只要是可以吃的、能够吃得到的，都会成为它们腹中之物。

在弱肉强食、优胜劣汰的自然环境中，这些两栖动物时刻都面临着一种危险——成为别的食肉动物的食物。比如说青蛙，其肉质鲜美，含有丰富的高蛋白，没有羽毛和鳞片，骨头也很小，因此很容易成为其他动物的食物，两栖动物必须有很强的自我保护意识。因此，随着时间的推移，它们慢慢进化出一套独特的防卫本领。

两栖动物一般都有与周围环境相近的身体颜色，比如位于非洲一带的玻璃蛙，它们在水中几乎是透明的，因此不易被敌人发现。有的两栖动物在敌人来袭时，把全身充气膨胀，使自己看起来体积庞大而吓退敌人。

蟾蜍更会保护自己了：它们在遇见敌人的时候，把头向后仰，露出头部下面鲜艳的颜色，借此把敌人吓跑；倘若这一招不管用的话，它们就亮出绝招：分泌毒汁，或者用尾巴上的黏液把敌人的嘴粘住。

伪装能力超强的是南美角蛙。南美角蛙分布在巴西东北部、厄瓜多尔西部等地区，体长可达 10～20 厘米，嘴大而肥胖，很像颗圆球。身体的颜色为红色或棕色，并有一些深棕色的斑点和条纹，它们可以很巧妙地把自己伪装成一片树叶，以等待猎物靠近。它们非常贪食，大嘴巴可以吃差不多和自己体型相差无几的猎物，其美食为蛙类、蜥蜴、老鼠等。

你发现了吗？青蛙怕下雨，遇见下雨的时候，它们会避雨。一般蛙的皮肤会分泌出一种黏液，来保护因为太干燥而受到灼伤的皮肤。在下雨的时候，它们会以最快的速度找到避雨的地方，通常会躲避在石头底下、树叶下面或者别的东西下面，主要它们怕雨冲掉它们身体上的"保护乳液"而已。等到雨过天晴，它们都会唱着歌出来呼吸新鲜的空气。

火蜥蜴是靠体内含剧毒保护自己的。火蜥蜴栖息在森林里和其他潮湿的地区，它们白天很少出来，夜里出来活动，通常在雨后去捕捉猎物。火蜥蜴的繁殖方式是卵生，在池塘和溪流里产下幼小的火蜥蜴。它们以蚯蚓为主要食物。火蜥蜴色彩艳丽，它们的成年是在陆地上度过的。它们身上黄色和黑色的图案常吸引一些小动物靠近，成为自己的美食。皮肤上有剧毒，当它们寻找食物的时候，一般的敌人不敢靠近。火蜥蜴能很好地保护自己。

动物的变色本领

一只黄绿色的青蛙蹲伏在水池中的一块黑色石头上，色彩艳丽动人，可是一小时后，它消失了。在那块石头上取而代之的是一只暗褐色的青蛙，它的颜色与那块石头的颜色是如此相近，使人只能勉强把它分辨出来。其实这两只青蛙是同一只青蛙，只是颜色变了。这是青蛙的变色本领在玩魔术。

自然界中，能变色的动物很多，在鱼类、爬虫类、甲壳类中都可以找到。最著名的变色艺术家要数变色龙了。变色龙学名叫避疫，是一种蜥蜴。它变色很快，能在几分钟内就改变颜色。大部分变色龙，无论是非洲的、马达加斯加的、西班牙的、阿拉伯的、印度的，还是斯里兰卡的，它们的皮肤颜色都跟我们周围的自然界很吻合。为了逃避敌人的追捕，几乎所有的昆虫都显有绿的、灰的或黑的保护色。而变色龙的特点是能按照环境随时变化自己身体的保护色，要是没有这些本领，它就不可能度过古代漫长的爬行动物时代而活到今天。变色龙虽然也拥有外表上的武装，如背上长有梳状刺、锯形尾、头顶上生角、身上的锥状角、盔甲般的身躯和头部的硬甲等，可它既小又弱，几乎没有听觉，动作迟钝又无自卫能力，要在四周敌人虎视眈眈的环境中生存下来确实不容易。

动物身上颜色的变化是由皮肤里的色素细胞完成的。这些星状的小细胞含有色素，如果这些色素结合起来，就能使动物穿上各种颜色的外衣。这个过程有点类似印刷工艺，画报、杂志里的彩色图片是由无数个红、黄、蓝小点组合而成。当蓝点和黄点印在一起时，结果就是绿色；黄点和红点结合又变成橙色。点子越密，色彩也就越强烈。

色素细胞是一个

▲ 绿鬣蜥蜴

个弹性小口袋，靠星状边缘的扩张，展现出大片色素来显示颜色。当一种颜色的色素细胞全部都扩张时，动物看上去浑身就是这种颜色。当收缩时，色素就紧密地挤进一个小点里面，颜色就再也看不到了。色素细胞后面常常还衬着一层洁白的细胞，它们是固定不变的，如同一个反光镜使颜色最充分地呈现出来。

《 绉鬣蜥蜴的盾牌 》

有的动物在遇到敌人时，装成巨大而凶猛的样子，借以自卫。如澳洲的绉鬣蜥蜴，当受到袭击时，便把它颈部周围的绉皮展开，很像一把张开的伞，这使它看起来很庞大，令敌人受惊而逃跑。

动物的另一种盾牌是伪装。一种是以身体的保护色来伪装。如尺蠖蛾的颜色和长满地衣的树干很相似，所以能骗过雀鸟。

另一种伪装是保护形。如竹节虫的外形看上去就很像一根树枝。有一种鱼叫叶形鱼，它的颜色和扁平的身体非常像红叶树的老叶，其头部前端生着一个形状和叶柄相似的东西，所以看上去更像树叶。

动物的再一种盾牌是颜色。很多昆虫身上往往都有红与黑或黄与黑的显眼图案。这些动物中，有些是味道极差的，如瓢虫等；有些则是有毒的。这些鲜艳的颜色便是警告敌人的信号。例如，很多动物都不敢惹有黄色条纹的黄蜂和蜜蜂，因为它们都有刺；有鲜明金属色泽的欧洲地榆蛾，身体含有剧毒的氰化物。

动物还利用气味、尖刺和虚张声势做盾牌。

当黄鼬遇到袭击时，它尾巴底部的特别腺体就喷出来极臭的液体，4米之外的敌人若被臭液射中后，便会开始窒息，甚至暂时失明。

海葵和鸡心螺的刺不仅能刺伤敌人，而且能刺伤它要吃的动物。蜜蜂的刺只用来自卫，任何骚扰蜂巢的动物都会受到蜂群的袭击。刺猬的背部布满了尖刺，当它受惊时，便会竖起尖刺，把头和腿藏在腹下，身体蜷缩成球状，这样敌人就无法攻击它了。

自卫的武器

不少哺乳动物的尾巴表皮下有芳香分泌腺，当动物挥动尾巴时，就使芳香分泌液在空气中氤氲，表示各种意思。对鹿来说，这是一种报警信号。瞧，一群鹿在林中空地上悠闲地进食，突然其中一只鹿不安地抬起头，竖起耳朵，看来它觉察到了危险。随即它向上翘起尾巴，开放尾部分泌腺管，于是尾巴上顿时出现了许多晶亮的斑点——分泌液。警报！鹿群瞬间就隐匿于林中了。

水獭不但靠它的尾巴在水中异常灵活地潜游，当它发现敌兽袭击时，又靠它的扁平的尾巴拍击水面，发出"噼啪、噼啪"的声音，警告它的伙伴要迅速逃走。

最有趣的是河马。当你挨近躺在水池中的河马时，它会懒洋洋地站起来，用小眼睛毫无表情地斜看着你。接着掉转身子，不礼貌地将屁股朝向你，并稍稍抬起，于是就突出了它那不会伤人的尾巴。不过此时你可得小心了，最好赶快走开。因为河马摆出这副姿势，无异于是在下无声的逐客令了：不许你闯入我的领地！如果你仍然无动于衷，那么只要再过一分钟，它的小尾巴就会疾速地作 360 度的旋转，并将小团的排泄物向四周甩出，会溅你一身！

动物世界里，能够用尾巴发声的动物确实是很罕见的。但是美洲大名鼎鼎的响尾蛇的尾巴有这种功能。响尾蛇是一种毒性很强的蛇，它的尾巴虽与其他蛇类不同，但也不是生下来就具备音响器的。刚孵化出来的响尾蛇，尾巴的末端很像纽扣，必须在响尾蛇蜕皮后才能生长，每蜕一层皮蛇尾就留下一条角质环纹。由这种角膜围成了一个空腔，空腔内又由角膜隔成两个环状空泡，也就是两个空气振动器。当响尾蛇的尾巴一晃动，在空泡内形成一股气流，随着气流一进一出地往返振动，空泡就发出一种"嘎啦嘎啦"的声音，用来吓唬敌人。当它肚子饿了寻找食物时，就发出这种如小溪流水般的声音，引诱口渴的动物上当。

黄鼬，也就是黄鼠狼，同样也会用它的尾巴当做示警器。但这强制性警告的是敌方而不是同类。不论是人类，或者是其他动物，只要见到黄鼬的尾巴往背部蜷缩成弓形，就应赶紧避开，否则臭屁就会迎面袭来，气味难闻极了。

蝙蝠白天栖息在比较暗的地方，晚上出来捕捉昆虫。如果你仔细观察过蝙蝠，就会发现它很像一只风筝，从前肢、后肢，一直延伸到尾巴，都覆盖着一层强韧的薄皮膜，犹如风筝木架上糊的纸。有些蝙蝠可以自己蜷缩尾巴和后肢之间的皮膜，使其成为篮子形状。蝙蝠依靠这个"法宝"，可以捕捉身体较大的昆虫。

《鳄鱼是最高级爬行动物》

鳄鱼的牙齿着生在上下颌的齿槽中，叫做"槽性齿"；口腔顶壁有发达的骨质腭，把鼻腔和口腔隔开；心脏分为四室，即左右两耳室和左右两心室，只是在左右大动脉间的隔膜上有一个小孔，所以体大动脉压出的血还不是纯粹的动脉血。这些特点，和其他爬行动物不同，而和哺乳动物相接近。有人根据这些特点认为它是最高级爬行动物。

雪蚤的尾巴应该是动物世界中很小的了。把32只雪蚤连接成一条直线的话，也不过25毫米长。小雪蚤长有一条伸缩自如的尾巴，可以把食物钩进体躯下面。当它放下食物时，小尾巴就松弹开来，同时雪蚤也就跃入空中。

提起鳄鱼，人们就会想到它张着大嘴，露着利牙，一副凶恶的模样。一种生活在热带的非洲鳄，身体可长达8米，重量可超过1吨。

非洲鳄的尾巴可算是所有动物尾巴中最强大的了，一般的动物被它的尾巴扫到会立即丧命，人若是被它的尾巴扫倒后，不但站不起来，几乎会昏过去，甚至死亡。这种鳄不但凶猛，还会使用诡计。它躺在水边不动，看起来像一根木头或树根，到河边来喝水的猪、鹿、牛、羚羊等动物往往都把它误认为是树根，当接近它时，鳄鱼就立即用那弹簧似的尾巴把对方扫入河里，然后张开大嘴，饱餐一顿。据说骑马在非洲旅行的人们也常受到鳄鱼的袭击。鳄鱼平时把头隐藏在泥中，只露出尾巴，当马靠近的时候，就尾巴一抡，把人和马摔得够呛。

针鼹也会把尾巴当做

▲ 鳄鱼

▲ 针鼹

武器。针鼹是生活在澳大利亚的原始哺乳动物，它的外貌很像刺猬，浑身长满了长短不一的针状棘刺，所以叫"针鼹"。它身上的刺并没有牢牢地长在身体上，但尖端锐利且长有倒钩。如果遇到敌人，针鼹就会背向敌人，用尾巴击打对方。更为奇妙的是，这时棘刺就会脱离针鼹的身体，刺入敌人的体内，尖端上的倒钩会牢牢地钩住对方的皮肉。

在节肢动物中也有用尾巴做武器的例子。如大家熟悉的蝎子，它的尾巴上有蜇刺，内有毒腺，使人望而生畏，被刺后会感到剧烈疼痛。

百兽之王的老虎，它那条富有力量的尾巴就像一条黄黑相间的九节钢鞭，一会儿，它就会把一丛灌木抽打得粉碎，动物和人就更不在话下了。

珍闻趣事

飞 蛇

有一天上午，一位傣族老人领着孙子岩养，从寨子后面的凤尾竹林穿过。紫雾还未飘散，太阳像一团火球挂在天上。微风吹动的竹林发出簌簌的响声，竹叶飘飞下来，其中有一片在滑翔、盘旋，转了一圈又一圈，才徐徐落在地上。

岩养拉着老人的袖子叫道："爷爷，你看这是什么？"老人定睛一看，告诉他："是一条飞蛇！"

这条飞蛇有四只脚，像蜥蜴一样从草地爬过，又沿着一株桐子果树爬了上去。到了高处，它贴在树干上一动不动了。它的颜色和浅绿的桐树皮近似，不易分辨出来。

岩养拍掌、敲树吓唬它，它一动不动。岩养便拿起弓，搭上箭，只听"啪"的一声正射中蛇的腰部。蛇插着箭像树枝似的掉落在地上，挣扎几下就不动了。

这条飞蛇有 30 厘米长，头和身子一样粗，都不到 2 厘米宽，尾巴稍小，有四只短脚。全身浅绿，腹下白色，脊背两侧有一对合拢的翅膀，约 10 厘米长，飞翔时可以像扇子一样打开，薄薄的，半透明，有纹路，如同蚂蚱的翅膀。它不能向上飞，只能滑翔。

奇妙的水象雷达

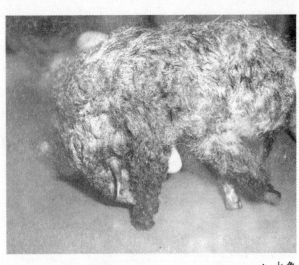

▲ 水象

世界之大，无奇不有。一种颚骨不大、喙部突起、具有奇特本领的鱼，叫做"水象"。它的"无所不见"的非凡本领，曾使数代人迷惑不解。直到雷达发明之后，才揭开了它的秘密。

原来，水象的尾部有一个袖珍"电池"，虽然其电流的电压很低，只有 6 伏，但对水象说来，已经足够使用。水象每分钟向天空发射的脉冲量为 80 ~ 100。它自身电池发电所产生的电磁振荡会从周围物体上反射回来，以无线电回波的形式重新返回水象身上。而捕捉回波的"接收机"便生长在它的背鳍的基底。水象正是借助这种无线电波来"触摸"环境，捕获猎物的。

奇　蛙

《《"守纪律"的蛙》》

菲律宾有一种全身呈朱红色的蛙，有良好的"守纪律"的习惯。这种蛙不论在水里或岸上，总是按着年龄大小排队，由蛙中的"寿星"带队捕虫觅食。

在印度尼西亚爪哇岛地区有一种火蛙，当它遇到敌害时，就会从嘴里喷出一股火焰，使敌害四散奔逃。据生物学家调查发现，这种火蛙所喷出的可能是一种挥发性油脂，极易在空气中自燃，故而成了喷火的拒敌武器。

在澳大利亚西部，生长着一种世上罕见的龟蛙，它很像伸着脖颈的乌龟，而且鼻子上有个硬壳，所以当地人称之为"龟蛙"。龟蛙身体很小，仅有人的手掌心大小，但它有一对强有力的前肢，可以挖掘洞穴寻找白蚁吃。

生长在南美丛林里的毒箭蛙，长虽不超过5厘米，颜色却很艳丽，皮肤内有很多腺体，其中的分泌物的毒性很强。

▲ 龟蛙

吃人的动物

食人苍蝇

联合国粮农组织的专家在利比亚的黎波里和突尼斯边界之间的约 2 万平方千米的范围内，发现了一种可以致人死命的寄生蝇——"食人苍蝇"。

食人苍蝇除身体稍大以外，其外形同普通寄生蝇完全一样，身体暗蓝色，眼睛橘黄色。食人苍蝇十分凶猛，攻击一切热血动物（包括人类），吮食肉组织乃至脑髓。雌蝇则将卵产于人畜的皮肤下，逐渐形成囊肿，有的可以发展到拳头大小。蝇卵在囊疱中发育成蛆，吸食活肉组织。尤其在缺少杀虫药物和医疗条件落后的发展中国家，这种食人蝇危害更大，甚至可以钻入人畜的眼眶、鼻腔、耳道、口腔中产卵，造成灾难性后果。由于食人蝇飞行能力很强，10 天内可飞出 200 千米以外，因此食人蝇具有向整个非洲大陆，或通过中东向亚洲蔓延的危险。

杀人蜂

性格暴躁、进攻性强、毒性剧烈的杀人蜂是非洲蜂与巴西野蜂杂交的产物，1957年它们从圣保罗的一个养蜂实验室里逃出，当时巴西专家们正在进行一项大胆的改良蜂种的试验工作。

巴西专家原先试图通过引进非洲蜂王与一种欧洲蜂杂交，培育出繁殖力强和酿蜜量高的优良新蜂种，以促进本国养蜂业发展，提高蜂蜜产量。

然而，那场意外事故使圣保罗大学遗传工程系的努力付之东流。逃亡的蜂群与当地野蜂自由交配，繁殖迅速。出于自卫的本能，这种新蜂变得凶猛异常，疯狂地袭击人畜，蜂灾迅速蔓延，毒蜂蜇死人的事件接连发生，人们谈"蜂"色变。

能杀人的巨鸟

在新几内亚和澳大利亚北部有一种样子稀奇古怪，头顶上长着块硬骨头的杀人巨鸟。它用一种暗藏的武器能轻而易举地把人杀死，是世界上最危险的鸟。

各地科学家认为，杀人蜂迅速向北蔓延，是因为亚马孙和中美洲森林地区乱砍滥伐导致的。

杀人蜂不知疲倦地向北流动，给所到各国的养蜂业造成灾难性的经济损失，继美国之后世界第二大蜂蜜生产国墨西哥也遭受侵害。古巴养蜂专家埃尔南德斯说，这种具有传奇色彩的蜂种实际上并非像人们想象的那样凶暴，它们只是在受到外界刺激时，如受香味或甜味的刺激后，才变得暴躁凶猛。

埃尔南德斯回忆说，他在尼加拉瓜工作时曾想抓一只杀人蜂以供研究，不料那天他身上使用了一种具有特别香味的除臭剂，除臭剂刺激了蜂群，蜜蜂群起而攻之，由于逃得快，他才幸免于难。

几十年来，美洲大陆蜂祸此起彼伏，蜇死人畜的悲剧不断发生，至今没有有效的办法能阻止杀人蜂蔓延。

科学家们继续在研究这种昆虫，以寻求使它们与人类和睦相处，变害为利。

吃人巨鳄

1982 年 10 月中旬，马来西亚警察局在沙捞越地区的卢帕河上，进行了一场捕杀吃人巨鳄的战斗。

▲ 鳄鱼

这条鳄鱼有 8 米多长，是一条活了约 200 年的雌鳄。它的活动非常猖獗，先后吃死 11 人，咬伤 6 人，严重危害这一带居民的生命安全。最后一位受害者是 29 岁的村长。1982 年 6 月 26 日，这条鳄鱼突然把他咬住，并拖下浑浊的河水中把他吃掉了。10 月中旬，人们清楚地见到这条巨鳄躺在河边，但当警方狙击手前来捕杀时，它却机警地逃脱了。

警方组织的这次捕鳄行动，邀请了两名科学家和当地的许多村民参加。科学家把幼鳄叫声的录音在水里播放，以引诱这条巨鳄露面；同时还把活的狗和猴子放到河里作钓饵。但这些办法都未能诱出这条罪恶的鳄鱼，也不知道它躲到哪里去了。后来警方又特地聘请了一名捕鳄能手前来帮忙。据说他从事捕鳄 30 年，已捕到 4500 条鳄鱼。可是，这位捕鳄能手也未能引出这条雌鳄。

巨蟒吞人

在秘鲁北部圣马丁省的热带森林地区，一条长约 20 米的蟒蛇吞食了一个男孩。这个男孩年龄 15 岁，当时他正在一棵大树下睡午觉。一些过路的农民见此情景赶忙开枪打死了这条巨蟒，但未能救出男孩。男孩的身躯已在巨蟒肚子里被分成了两段。

动物杀婴为哪般?

鳄鱼是一种十分凶残的动物,然而,它对子女却十分疼爱。雌性鳄鱼在岸上生蛋,然后,把蛋埋在半米深的地下。在小鳄鱼孵出之前,雌鳄鱼大约要有 2 个月左右的时间不吃东西,日夜不离地守卫着自己所生的蛋。当小鳄鱼从蛋中咬破外壳,并发出叫声的时候,雌鳄鱼便用前爪扒开土,再用腭抱起孵出的小鳄鱼,把它们依次送入水中,并精心照看它们刚刚开始的新生活。尽管鳄鱼是一种嗜杀成性的动物,但有时为了孩子的生存,甚至不惜牺牲自己的性命。一位非洲的生物学家,就亲眼见到过这样一场惊心动魄的搏斗:一头巨大的雄狮去河边喝水,当它刚步入沙滩的时候,突然一条身长约 3 米的鳄鱼向它扑来。原来,雄狮遇上母鳄鱼在看护自己的幼子,于是它们便厮打起来。使人惊奇的是,那条母鳄边战边走,以便把雄狮引到远处,远离它的幼子。厮打的结果,雄狮被赶跑了,母鳄鱼又回到幼子生活的地方,它周身是血,趴在地上喘着粗气。第二天,母鳄鱼死了,但它的前爪下还搂抱着一条小鳄鱼呢!

也许有人觉得,上面叙述的这些好像有点神乎其神,可是,这是活生生的事实啊!倘若我们采用达尔文的观点来看,就一点儿也不神奇了,因为如果没有雌性动物这种伟大的"母爱"本能,地球上可能就不会有任何动物了。

然而,世界之大,无奇不有,动物杀婴的现象屡有发生。

▲ 短吻鳄

近几十年来,有关野生动物杀死其幼体的报道日益增多,这引起许多学者们的惊讶。起先人们以为这是一种动物的病态失常行为,但进一步的实地考察表明,在啮齿类、鸟类、鱼类、狮子和灵长类中,故意杀婴却是一种经常性的现象。

1967 年，日本京都大学的雪九筋山报道了在印度丛林中灰色长尾猴的杀婴行为。当时，哈佛大学的人类学研究生撒拉·赫迪闻讯特地赶到印度，通过几年观察，发现长尾猴群体中新猴王杀死非亲生的幼猴是为了早些获得自己的后代。这似乎不可思议，但实际上却与群体遗传有关。杀婴好像对群体有害，但对物种总的繁殖效率或许是有利的。

然而，作为"母亲"是无法选择自由的。在群体换了新王以后，她们有的被迫带着孩子暂时离群躲避，有的引诱新王性交以掩盖未出世孩子的真正父亲。当这些尝试失败后，她们的孩子或者被杀，自己则改嫁新王，并在食物分配额上得到优惠；或者自行流产，以便及早与新夫交配，生育新的后代。据观察，实验室中的公鼠在交配 15 日（怀孕期）以后便会停止杀婴，且一反常态，对出生的幼子照护备至。

> **《最稀有的鳄鱼》**
>
> 正在受到保护的中华短吻鳄，产于中国长江下游地区的安徽、浙江、江苏诸省，其总数据最新估计为 700 ~ 1000 条。

有些科学家坚持认为杀婴或者是由于个体密度太高，或者是由于人类干扰太多……但是，据报道，乌干达基巴尔丛林中有三种猿猴，虽有充分的生活空间且不受干扰，但新"领导"仍然杀婴。同时，在狮子和几种猿猴群中，也有为了节省食物或因争执而杀子、甚至食子的情况。

此外，野生动物中的雌性也会杀婴。雌黑猩猩有时吃掉其他母兽的婴儿。雌海象会杀死试图来索乳的陌生小海象。在野狗、小獴、鬣狗的群体中，高级雌体会杀死低级母兽的幼子。啮齿类中也有这种虐杀，或许是为她自己的孩子获得窝巢。

哺乳类之外，杀灭血亲之事也屡见不鲜。公鱼有时吞食它们已受过精的鱼卵，而某些种的鲨鱼还在母腹中就已啮食其兄弟姐妹了。鸟类中的近亲杀婴，往往占幼体死亡的极大比例。食物缺少时，鸟类双亲往往舍弃已生下的卵，另去他处谋生。

更有甚者，有时双亲会唆使其子女干这种"脏事"。例如黑鹰，先生下第一个蛋，孵化几天后再生第二个。当老大孵出后，往往把老二啄死。有人认为这第二只蛋是以防万一，因为这种鸟一年只生育一只幼雏，如幼雏意外死亡，这一年便绝嗣了，所以要生第二个蛋确保无虞。或许由于大多数鸟类都终生"一夫一妻"制，所以鲜见雄鸟为了早生后代而杀婴。反之，在一妻多夫制的动物中，雌体偶尔也会杀死非其亲生的幼子。

前程似锦的仿生学

亿万年来的发展进化和自然选择，使许多生物具备了各种令人惊叹的特殊性能。人类认识世界的目的是为了改造世界。科学家揭示出许多生物现象的奥秘之后，自然而然就会把寻求新技术原理的目光转向生物界，结果出现了一门崭新的现代技术——仿生学。它是由生物物理学、电子学、数学、神经学、控制论、信息论等许多学科的最新成果相互结合而产生的一门综合性科学。它仿造和模拟自然界生物的特长和特殊器官，引进到人类的工程技术中来，用来改善现有的或创造出崭新的科学仪表和机器。仿生学自1960年诞生以来，已取得了令人欣喜的成果。

一只蹲在池塘边上一动不动的青蛙，为什么能迅猛地捕到一只飞蛾呢？原来青蛙眼睛的视网膜里有四种检验器，每种检验器抽取视觉信息的一种特征，故能及时地看到眼前运动着的物体，而对不动的物体却"视而不见"。人们模仿蛙眼的这种性质，制造一种电子蛙眼，安装在机场上可预测其上空危险情况的发生。因为在它的视野范围内，当飞机以一定速度在指定航向飞行时，电子蛙眼"视而不见"，一旦发生两架飞机有相撞危险时，它便迅速发出警报。

▲ 青蛙

一只蝙蝠在伸手不见五指的岩洞或夜空中飞来飞去，从来不会碰壁，这主要是靠它的喉咙里发出很强的定位超声波。而耳朵则好比声呐"接收机"，根据超声波遇到障碍物的反射回音，可判断物体的距离和大小。人们从蝙蝠的定位系统中得到的启发，正在研制一种盲人用的"探路仪"和"超声眼睛"。这两种仪器可以发射超声波和接收回声信号，并将信号转为人耳能听到的声音，盲人凭"听"声音就能知道路面情况，避开路上障碍物。

蝰科蝮亚科的蛇，在头部眼与鼻孔之间有一特殊颊窝，是测量温度变化的结构，称为"热测位器"。实验证明，它对温度极为敏感，能感觉千分之几摄氏度的变化，即使现今最灵敏的红外线探测仪也望尘莫及。竹叶青等类毒蛇，也是用这种结构准确地测出恒温动物的位置，进行闪电般的袭击。在国防上，如果研制出一种类似于颊窝的仪器，就有可能以极高的精确度探测车辆、舰艇、飞机乃至导弹等发出热射线的目标，甚至可以探测出隐蔽的目标和目标经过后留下的热痕迹。

苍蝇是人们讨厌的昆虫，是除害灭病要"打击"和消灭的重点对象。但是科学家却看中了它的"一技之长"：苍蝇的复眼由4000多个小眼组成，模仿它蜂窝型的结构而制成一种叫"蝇眼"的新型照相机，一次能拍摄1329张照片，分辨率达到每厘米4000条线，可用于大量复制电子计算机的特别精细的显微线路。

苍蝇的嗅觉器官十分灵敏，它能把气味物质的刺激立即转变成神经脉冲。模仿苍蝇这一特性而制成高灵敏度的小型气体分析仪，已被用来分析宇宙飞船座舱里的气体。

苍蝇身上还有一件宝，类似一把音叉，是一个起稳定作用的特殊器官，使蝇在急速转变的飞旋中得以保持身体平衡。根据这种启示，人们制成了据称是世界第一架无摩擦陀螺仪，比经典的陀螺仪要精巧很多。这种仪器体积小、效率高，已经装设在高速飞机和火箭上。

航海的人往往因为海船摇摆幅度大而引起呕吐。现在，仿照鱼的"偶鳍"作用，在轮船底部装上"减摇鳍"，大大减小摇摆幅度，使船能平稳地航行在波涛滚滚的海面上。

在南极探险的人们，发现企鹅的滑雪速度比汽车跑得还快。经过进一步研究企鹅的运动，发现企鹅是用肚子贴在雪面上，蹬动双脚快速滑行的。在企鹅的启发下，人们设计一种极地越野的车。这种汽车用宽阔的底部贴在雪面上，用轮勺推动，使其前进，每小时速度可达50千米。

研究动物的冬眠，也很有趣。在朔风凛冽的寒冬季节，蝙蝠躲在山洞或岩石狭缝里，蛇藏身

> **《《 仿生学 》》**
>
> 仿生学把各种生物系统所具有的功能原理和作用作为生物模型进行研究，希望在技术发展中能够利用这些原理和机理，从而实现新的技术设计，并制造出更好的新型仪器、机械等。

在很深的洞穴中，能在冬眠期间几乎不吃任何食物，靠体内积存的脂肪来维持生命活动的最低需要……有关研究证实，动物在冬眠期能抵制恶劣环境的主要秘诀就在于降低体温，使生命活动放慢了步伐，处于沉睡状态。科学家在研究动物冬眠过程，从中得到启发，能不能让人也在"冬眠"的条件下度过恶劣的环境？

根据高等动物的高级神经活动制成的机器人，已经具备人的某些感觉、记忆的思维功能，会"看"、会"听"、"会记忆"、会"思索"，还能完成"走路"、"拿东西"等许多动作，正在生产自动化、空间探索、海洋开发和军事技术等领域中大显身手。

人造眼中的仿生科学

你看吧：静静的池塘，水平如镜。圆圆的荷叶上，颗颗晶莹的水珠在阳光的映照下闪闪发光。水珠旁，蹲着一只青蛙，它一动不动，仿佛木雕泥塑似的。只有从那偶尔眨动的眼睛上，方才知道它不仅活着，而且处于完全清醒状态。就在这只青蛙眼睛的正前方，开放着一朵艳丽的荷花。然而，美中不足，落在这荷花上的一只绿头苍蝇，却大煞风景，不禁使人生起厌恶之感。这时，人们多么希望青蛙赶快去吃掉它！

苍蝇就在青蛙眼前，可青蛙一动不动。是在打瞌睡呢，还是青蛙"眼大无神"，视力不佳？

突然，苍蝇拔腿要跑，就在这一瞬间，只见青蛙以迅雷不及掩耳之势，对准苍蝇腾身一跃，张开大口，翻出舌尖，一下子就把苍蝇粘住，"勾"进嘴里。这是多么奇特的捕食方式啊！

原来，青蛙的眼睛，对静止的东西视而不见，但对运动的物体却是明察秋毫！青蛙为什么能在刹那间捕捉到苍蝇或其他小虫呢？秘密就在它那凸起的眼睛里。青蛙的眼睛有四类神经纤维组织，好像四张感光的照相胶片，显映着小虫四种不同的图像。把胶片上的四张图像叠在一起，就得到立体感很强的图像，正因为青蛙具有如此特殊的视觉特性，能够准确地捕捉昆虫与逃避敌害，所以它才能在我们地球上生存 200 万年之久。

▲ 蛙眼

青蛙这种敏捷地发现运动目标，迅速确定目标在某一时刻的位置、运动方向和速度，并选择最佳攻击时刻的本领，在军事上具有非常重要的意义。在战场上，飞机、坦克、舰艇、导弹一般都处于运动状态。如果我们能够把青蛙视觉系统的这套本领学到手，借助于电子技术和光学元件研制出"人造蛙眼"，或称"电子蛙眼"，那该有多好啊！

蛙眼具有怎样的结构特点，而使它有了这样奇异的本领？科学工作者经过深入的研究，发现蛙眼视网膜的神经细胞分成五种类型，构成五种"感受器"。一类只对颜色起反应，其余四类则只对运动目标的某一特征起反应，并能分别辨认、抽取视网膜图像的不同特征。这样，就把一个复杂的图像分解成了几种易于辨认的特征，提高了敏捷地发现目标的准确性。不难看出，蛙眼所起的作用，远远超出了一点不偏地把景物拍照下来的照相机的工作范围。

蛙眼不仅可以把所看到物体的图像呈现在视网膜上，而且能够分析所看到的图像，挑选出对大脑有用的图像特征，而后经视神经"通报"给大脑。

经过大自然上百万年的精雕细刻，蛙眼的这套视觉检测系统已达到了十分完善的地步。蛙眼并不对背景起反应，而是集中注意相对于背景运动的物体。一旦一只昆虫或者天敌的"影子"从眼前掠过，它立即会作出反应，采取恰当的行动扑向猎物，或者逃进水中。蛙眼看到的，只是对它有意义的景物。

青蛙视觉器官的这一特性，给全天候"运动目标探测器"一类装置提供了设计原理和模型。因此，有关上述蛙眼的研究工作，在美国得到了空军、海军、通信兵研究局等部门的积极支持。模拟蛙眼视觉特征以建造军事装备的研究工作，已取得了很大进展。

根据蛙眼的视觉原理，借助于电子技术，制成了多种"电子蛙眼"。这些人造眼可以用在实现"对准中心装置"的控制线路中，还可以像真蛙眼那样工作，从它所"看"到的许多物体中准确无误地识别出特定形状的物体。这种图像识别能力也是雷达系统所需要的。根据蛙眼的视觉特性改进的雷达系统，能够在显示屏上很好地从背景噪音中区别出目标来，因而提高了雷达的抗干扰能力。这样雷达系统能够快速而准确地识别出具有特定形状的飞机、舰艇、导弹等。尤其它能根据导弹的飞行特性，把真导弹与假导弹区分开来，从而不致被作为"诱饵"的假导弹所迷惑。它还可以有效地把预定要搜索的目标与其他物体分开，把目标与背景分开。

模仿蛙眼的工作原理，还制成了另一种"电子蛙眼图像识别机"，它可以成为机场飞行调度员的出色助手。这种装置能监视飞机的起飞与降落，以及班机是否按时到达。若发现飞机将要发生碰撞，它能及时发出警报。

还有一种卫星跟踪系统，完全是模仿蛙眼原理工作的。有了这种跟踪系统，就可随时准确地接收侦察卫星搜集的各种情报。

在生物体拥有的所有感觉器官中，视觉器官可能是其中最为变化多端的。成百上千万年的进化形成了十余种不同的动物视觉系统，每种都完美地符合其主人的需要。

动物认亲的秘密

近年来，生物界的重大发现之一就是探明动物可以识别它们的血缘，从而照料它们自己的子孙，援助它们的亲属，避免在择配时发生"乱伦"，产生近亲繁殖的退化现象。

动物是如何识别它们的血缘呢？生物学家们在进行了大量的实验后发现：动物识别血缘的能力与它们的遗传基因和环境因素有关。

动物可以根据气味来辨别血缘关系。例如母山羊对它刚出生的小羊的气味非常敏感，会对气味稍有差异的小羊拒乳。如果把一只刚出生的小羊从它母亲身边抱走，几小时后，再抱回到这只母羊的身旁，母羊对它这只亲生小羊也拒乳。由此可见，母山羊是通过气味来识别血缘的。

动物另一个识别血缘的办法是依据巢在何处。许多鸟慈祥地照看它巢内的小鸟，而全然不管巢边十几厘米远的地方亲生儿女的啼哭。

这两个实验使人很容易地看到动物识别血缘能力中的环境因素。

果蝇是遗传学研究中最常用的实验动物。学者们对果蝇的择配现象进行细微地观察后发现：对本家族的雌蝇，雄蝇花费的求爱时间为 68%，对异家族的雌蝇，求爱时间要升到 88%。学者们指出，雄果蝇较多追逐异家族雌果蝇的现象，提示遗传因素可能在识别血缘中起着重要作用。

更为明确的实验是在蜜蜂身上进行的。蜂房的卫兵不让外来蜂入内，是由于外来蜂的气味不同。学者们指出，气味和遗传因素是密切相关的，因为它与食物代谢和某些酶有关。但在蜜蜂分辨时，学者们发现血缘相近的蜜蜂一齐飞走，这是由于在蜂房内只有一个"后"，而产生的子女是与几个雄蜂交配的结果，一箱蜂中就有同母异父和同母同父之分了。又因为有些雌蜂不能发育成"后"就被工蜂咬逐，在这种战斗中，咬异父姐妹的机会是咬同父姐妹的 2.5 倍。这些都说明识别血缘中的遗传基因问题。

《 蝌蚪 》

蝌蚪是蛙、蟾蜍、蝾螈、大鲵、小鲵等两栖动物的幼体。体呈椭圆形，有鳃，尾大而扁，游于水中。主食植物性食物。成长时有的先出后肢，继而出前肢，如蛙；有的先出前肢，后出后肢，如蝾螈。蝌蚪经变态而成成体。

测量一个单独饲养的蝌蚪与另两组蝌蚪在水池中的距离发现：即使这个单饲养的蝌蚪从未与其"亲属"接触过，它也总是靠近与其血缘相近者。有人认为，这一现象可能是与它们在水中释放的某种化学物质有关。动物学家们观察证实，松鼠在发现其亲属遇难时发出尖叫，而对邻居的遇险则漠不关心。

科学家又做了一个有趣的实验。他们把一次产下的卵长成的蝌蚪染成蓝色，与另一群蝌

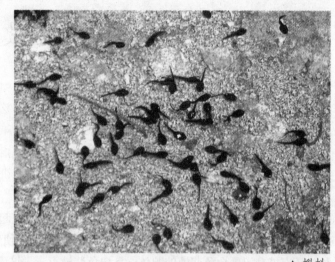

▲ 蝌蚪

蚪一起放入水池，这些蝌蚪便迅速分成颜色截然不同的两群。显然，它们偏爱与亲兄弟姐妹集群游水，而不愿与无血缘关系的同伙为伍。作为对照，科学家又将一次产下的卵长成的蝌蚪，一半染成红色，另一半染成蓝色，再把它们放入水池。这次并不按颜色分成两群，而是紧紧地聚成一团。但是，一旦封闭它们的鼻孔，使其失去嗅觉，则上述的偏爱现象就会消失。

科学家认为，在蝌蚪卵外面包着的胶冻状化学物质的气味，可能为蝌蚪识别血缘关系提供了线索。

揭开动物如何识别血缘的秘密，无疑对生物进化的研究具有重大意义。

形形色色的动物皮肤

癞蛤蟆的外形很难看，皮肤不但灰黑，而且还有许多疙瘩，看起来让人恶心。其实，这种皮肤模样对癞蛤蟆本身来说是很合适的，是千百年来适应环境进化的结果。原来，它是生活在比较阴湿的地面上，它的皮肤颜色和疙瘩，与泥土很相似，因而不容易被发现，既可以逃避敌害，又便于捕捉各种昆虫来充饥。当癞蛤蟆受到强烈的刺激或侵害时，它的皮肤特别是头部的一对耳后腺，会放出一种乳白色的浆液来，仔细观察一下，耳后腺就是头部背面皮肤上的两块长圆形的突起。而皮肤上的圆形突起也跟耳后腺一样由许多皮肤腺组成，除了一种能分泌黏液使皮肤表面保持湿润的腺体外，还有能分泌乳白色浆液的腺体。乳白色浆液有毒，这就是它保卫自己的武器。

实际上，动物的皮肤，无论是略带条纹、斑点，还是单色的，是不变还是易变的，带鳞、有毛或无毛的，都是保护自身免遭外界侵袭的天然保护层。

生物学家们认为，研究动物保护层演变进程并不是件易事。许多科学家认为，皮肤的初期形态之一有点像一层薄膜，这是细胞质在空气和氧气的作用下硬化的结果。再后来，这些薄膜就变成了壳质甲壳或石灰质甲壳，如各种昆虫和软体动物的壳。

科学家说，无论如何，动物皮演变的顺序很明显是从鱼进化到爬行动物，最后进化到鸟类，尽管其形态各异，但这些动物都长着由鳞状物形成的皮。对前两类，此说法不会引起任何争议，但变到鸟，有些读者可能认为科学家搞错了。其实，仔细观察鸟喙的基部和足部，就可看出有由皮的角质层形成的角质鳞。鸟的羽毛也是变态鳞状物。

将哺乳动物的皮和两栖动物的皮作比较会引起更大争论，因为后者通常没有鳞或甲，皮肤无毛（这对其生存有很大作用，因为可很容

▲ 蟾蜍

易地从对手中滑脱），而前者体表长有十分特殊、完美，在进化过程中无明显先兆的毛或鬃。

毋庸置疑，皮肤为动物提供了各种保护。通过厚实的毛层、浓密的绒羽或无毛脂肪层，不仅能很好地防潮御寒，还可储备蛋白质以备缺食时用。

善变或伪装隐蔽，是许多动物的皮履行的另一重要使命。因为有些动物由于某种原因需采取突然行动，如老虎、猞猁等。素以"林中之王"著称的老虎嗅觉和听觉极为敏锐，其鲜艳花纹不是为了显示美丽或傲慢，而是为了隐藏林中窥探捕食对象以猎取所需食物。又如斑马，毛呈淡黄色，全身有黑色横纹。这种有魅力的形象实际上是为了隐身。还有许多动物同斑马一样靠其隐蔽特征而隐藏起来。有些动物靠适时变色、换皮或换毛来适应环境色彩以隐身。如易变的兔，夏天其毛变成棕褐色，冬天则变成雪白色。动物的皮也可传递信息。如雄扁角鹿通过肛门周围黑边白色肛板给同伴传递信息。其秘诀是：当鹿尾翘起，像驱赶苍蝇那样向两边摇动时，则表示相安无事；当尾巴翘起，肛板可被完全看见并作逃跑前的紧张跳动时，则是发出警报。

> ### 》》 动物皮肤的职能 《《
>
> 动物的皮肤，无论是肥厚、粗糙、柔软、细嫩、鲜艳的，还是有毛、羽、鬃、鳞、甲的，都具有调节体温以求生存的基本职能。

蛛猴的肛板，准确说应叫坐骨部胼胝，同样负有明确的信息传递使命，但只用于向配偶传递发情状态：肛板愈红，表明性欲愈强。火鸡也是如此，鼻部甚至长有不寻常大的赘肉。雉（野鸡）发情时肛板也变红，还利用其美丽的羽毛并展开尾巴吸引对方，比火鸡机敏。

皮的保护作用在犀牛和大象身上表现最为典型，它们长有厚皮，根本不怕任何寄生动物和敌人的传统弓箭和长矛。而龟这种较小动物在进化过程中形成硬壳来消极自卫。

无论哪一种皮肤，都需要经常照料，使其保持良好的状态，并能随时准备履行其特定的使命。照料包括保持清洁卫生，注入油质以防水（鸟类通过润羽脂腺分泌油质），甚至泥浴来摆脱寄生虫，因为许多寄生虫对携带者的健康构成了真正危险。

有些动物，如犀牛，在保持皮肤健康方面有盟友相助。如一些小鸟，白天就在犀牛脊背上啄食打扰犀牛的各种昆虫。家狗如生了虱子而主人又不采取灭虱措施的话那命就苦了。当然，保持健康应以预防为主，这是所有兽医和世界卫生组织所推荐的。虱子藏于浓毛下，紧紧咬住皮，尽吸血液，同时传染可导致瘟疫或脑炎的病菌。而主人也有染上与狗不同又难以诊断的疾病的危险。

皮肤衰老就需更换。有些动物为适应外界气温每年都换皮。多数哺乳动物和鸟类均如此。

能飞的爬行动物

除了鸟类以外，世界上还有许多动物是会飞的。例如两栖类爬行类动物中的飞蛙、飞蛇、飞龙等。

飞　蛙

一个多世纪以前，在亚洲东部发现了飞蛙。飞蛙的脚趾很大，趾间由一张很宽的蹼连起来。当飞蛙在树之间跳来跳去的时候，就伸直脚趾，把趾张开来，蹼就起到降落伞的作用。飞蛙可以在空中滑行好几米，速度并不快。飞蛙的前爪上有吸盘，可以帮助它们爬树，这样在找昆虫吃的时候，就能黏附在树枝上而不掉下来。

在繁殖期间，雌飞蛙大量产卵，卵的周围有一种像果子冻似的黏性物质把这些卵子粘成一团胶状物。雌飞蛙在岸边把卵产在水中后，雄飞蛙就在上面排精，并用那长有蹼的脚趾扑打那团胶状物，胶状物即产生泡沫并逐渐变硬，形成一层保护卵的壳。随着卵慢慢变成蝌蚪，那层硬壳变软而破裂，于是蝌蚪就离开了"窝"，开始独立生活。

《 爪哇飞蛙 》

飞蛙中最有名的是栖息在爪哇和苏门答腊山林中的爪哇飞蛙。从上面看，它是碧绿色的；从下面看，它是金黄色的。它的身长只有7.5厘米。

▲ 飞蛙

飞　蛇

飞蛇是一种稀有的动物，它只生活在印度、马来西亚、缅甸和中国。

科学揭秘动物世界　KeXueJieMiDongWuShiJie

这种蛇既没有蹼，也没有翅膀，但是它会飞。当飞蛇从一棵树飞到另一棵树上时，把身子绷得很紧，同时把腹腔部位弯曲成凹状。当风进入这凹状时，蛇身就把空气压向下方，形成一个气垫，这样蛇身就能轻轻落下。

当飞蛇降落时，有两种力量作用于它：一种力量把它压向下面，而另一种空气的阻力则阻滞它的降落。凹状躯体既可以减少空气阻力，又不至于使飞蛇很快地坠落下来，这里面包含着空气动力学的许多道理呢。

飞蛇的颜色非常漂亮，大部分躯体覆盖着中心为黄色斑点的黑色鳞片，蛇背上则是红黄两色相间。飞蛇很少离开它树上的"家"到陆地上来，它总是在树枝间飞来飞去捕捉昆虫。

飞 龙

飞龙其实是一种细长的蜥蜴，生活在亚洲的西南部。这种动物在树干上爬行时呈暗色，很难为人所察觉；当它在空中飞起来时，就像一只大蝴蝶。使这种动物飞行的翅膀呈橘黄色，上面布满黑斑点。翅膀是由五条伸出体侧的假肋骨支撑着从前爪到后爪间的一层薄膜组成的。飞龙是唯一的翅膀由假肋骨支撑的飞行动物。

飞龙可以飞很远，它先把翅膀展开然后飞行，在快要飞到目的地时，它伸直身子，然后头朝上在树干上"着陆"。飞龙总是要把一棵树上的昆虫吃光之后再飞到另一棵树上去寻找食物。在寻找配偶时，雄飞龙把它们发亮的翅膀张开，翩翩起舞，向雌飞龙求爱。